"十三五"高等院校数字艺术精品课程规划教材
辽宁省职业教育"十四五"规划教材

U0191274

全彩慕课版

# Photoshop CS6
# 核心应用案例教程

牟音昊 高晓菲 洪波 主编 / 刘莉萍 刘振民 副主编

人民邮电出版社

北 京

**图书在版编目（CIP）数据**

Photoshop CS6核心应用案例教程：全彩慕课版 / 牟音昊，高晓菲，洪波主编. -- 北京：人民邮电出版社，2019.9（2023.7重印）
"十三五"高等院校数字艺术精品课程规划教材
ISBN 978-7-115-50743-3

Ⅰ. ①P… Ⅱ. ①牟… ②高… ③洪… Ⅲ. ①图象处理软件－高等学校－教材 Ⅳ. ①TP391.413

中国版本图书馆CIP数据核字(2019)第022770号

## 内 容 提 要

本书全面、系统地介绍了 Photoshop CS6 的基本操作技巧和核心功能，包括初识 Photoshop、Photoshop 基础知识、常用工具的使用、抠图、修图、调色、合成、特效和商业案例等内容。

全书内容介绍均以课堂案例为主线，每个案例都有详细的操作步骤，学生通过实际操作可以快速熟悉软件功能并领会设计思路。每章的软件功能解析部分使学生能够深入学习软件功能和制作特色。主要章节的最后还安排了课堂练习和课后习题，可以拓展学生对软件的实际应用能力。最后的商业案例可以帮助学生快速地掌握商业图形图像的设计理念和设计方法，顺利达到实战水平。

本书可作为院校图形图像设计与制作相关课程的教材，也可供初学者自学参考。

◆ 主　编　牟音昊　高晓菲　洪　波
　　副主编　刘莉萍　刘振民
　　责任编辑　桑　珊
　　责任印制　马振武

◆ 人民邮电出版社出版发行　　北京市丰台区成寿寺路 11 号
　　邮编　100164　电子邮件　315@ptpress.com.cn
　　网址　http://www.ptpress.com.cn
　　北京瑞禾彩色印刷有限公司印刷

◆ 开本：787×1092　1/16
　　印张：13.25　　　　　　　　2019 年 9 月第 1 版
　　字数：339 千字　　　　　　2023 年 7 月北京第 9 次印刷

定价：69.80 元

读者服务热线：(010)81055256　印装质量热线：(010)81055316
反盗版热线：(010)81055315
广告经营许可证：京东市监广登字 20170147 号

# FOREWORD —————————— 前言

### Photoshop 简介

Photoshop 是由 Adobe 公司开发的图形图像处理和编辑软件。它在图像处理、视觉创意、数字绘画、平面设计、包装设计、界面设计、产品设计、效果图处理等领域都有广泛的应用，其功能强大、易学易用，深受图形图像处理爱好者和平面设计人员的喜爱。目前，我国很多院校的艺术设计类专业，都将 Photoshop 作为一门重要的专业课程。本书邀请行业、企业专家和几位长期从事 Photoshop 教学的教师一起，从人才培养目标方面做好整体设计，明确专业课程标准，强化专业技能培养，安排教学内容；根据岗位技能要求，引入了企业真实案例，通过"慕课"等立体化的教学手段来支撑课堂教学。同时在内容编写方面，本书全面贯彻党的二十大精神，以社会主义核心价值观为引领，传承中华优秀传统文化，坚定文化自信，使内容更好体现时代性、把握规律性、富于创造性。

### 作者团队

新架构互联网设计教育研究院由顶尖商业设计师和院校资深教授创立，立足数字艺术教育 16 年，出版图书 270 余种，畅销 370 万册，《中文版 Photoshop 基础培训教程》销量超 30 万册，海量的专业案例、丰富的配套资源、行业操作的技巧、核心内容的把握、细腻的学习安排，为学习者提供足量的知识、实用的方法、有价值的经验，助力设计师不断成长；为教师提供课程标准、授课计划、教案、PPT、案例、视频、题库、实训项目等一站式教学解决方案。

## 如何使用本书

**Step1** 精选基础知识，结合慕课视频快速上手 Photoshop

**Step2** 课堂案例 + 软件功能解析，边做边学软件功能，熟悉设计思路

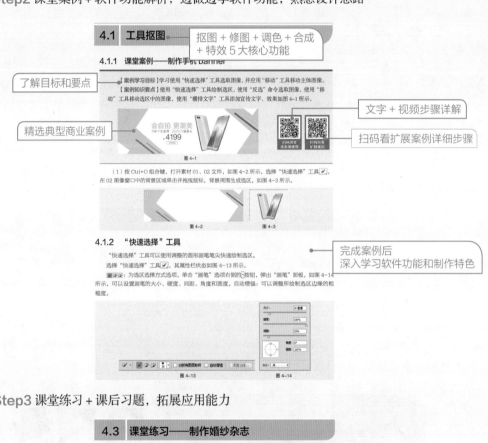

**4.1 工具抠图** ……… 抠图 + 修图 + 调色 + 合成 + 特效 5 大核心功能

**4.1.1 课堂案例——制作手机 banner**

了解目标和要点

【案例学习目标】学习使用"快速选择"工具选取图像，并应用"移动"工具移动主体图像。

【案例知识要点】使用"快速选择"工具绘制选区，使用"反选"命令选取图像，使用"移动"工具移动选区中的图像，使用"横排文字"工具添加宣传文字，效果如图 4-1 所示。

文字 + 视频步骤详解

扫码看扩展案例详细步骤

精选典型商业案例

图 4-1

（1）按 Ctrl+O 组合键，打开素材 01、02 文件，如图 4-2 所示。选择"快速选择"工具，在 02 图像窗口中的背景区域单击并拖曳鼠标，背景周围生成选区，如图 4-3 所示。

图 4-2　　　图 4-3

**4.1.2 "快速选择"工具**

"快速选择"工具可以使用调整的圆形画笔笔尖快速绘制选区。

选择"快速选择"工具，其属性栏状态如图 4-13 所示。

为选区选择方式选项，单击"画笔"选项右侧的按钮，弹出"画笔"面板，如图 4-14 所示，可以设置画笔的大小、硬度、间距、角度和圆度。自动增强：可以调整所绘制选区边缘的粗糙度。

完成案例后
深入学习软件功能和制作特色

图 4-13　　　图 4-14

**Step3** 课堂练习 + 课后习题，拓展应用能力

**4.3 课堂练习——制作婚纱杂志**

更多商业案例

【练习知识要点】使用"钢笔"工具绘制选区，使用"通道"控制画板和"计算"命令抠出婚纱，使用"移动"工具调整图像位置，使用"色阶"命令调整图像颜色，使用"横排文字"工具和"变换"命令添加文字，效果如图 4-153 所示。

扫码看操作视频

图 4-153

**4.4 课后习题——制作家电 banner**

训练本章所学知识

【习题知识要点】使用"钢笔"工具和"调整边缘"命令抠出人物，使用"魔棒"工具抠出电器，使用"矩形"工具、"变换命令"和"横排文字"工具添加宣传文字，效果如图 4-154 所示。

图 4-154

**Step4** 综合实战，结合扩展设计知识，演练真实商业项目制作过程

图标

App 界面

宣传单

杂志设计

电商设计

网页设计

书籍设计

包装设计

**配套资源及获取方式**

- 所有案例的素材及最终效果文件。

- 案例操作视频，扫描书中二维码即可观看。

- 扩展案例，扫描书中二维码，即可查看扩展案例操作步骤。

- 商业案例详细步骤，扫描书中二维码，即可查看第 9 章商业案例详细操作步骤。

- 设计基础知识＋设计应用知识，扩展阅读资源。

- 常用工具速查表、常用快捷键速查表。

● 全书 9 章 PPT 课件。

● 教学大纲。

● 教学教案。

全书配套资源，读者可登录人邮教育社区（www.ryjiaoyu.com），在本书页面中免费下载使用。

全书慕课视频，登录人邮学院网站（www.rymooc.com）或扫描封底的二维码，使用手机号码完成注册，在首页右上角单击"学习卡"选项，输入封底刮刮卡中的激活码，即可在线观看视频。扫描书中二维码也可以使用手机观看视频。

**教学指导**

本书的参考学时为 64 学时，其中实训环节为 34 学时，各章的参考学时参见下面的学时分配表。

| 章 | 课程内容 | 学时分配 | |
|---|---|---|---|
| | | 讲授 | 实训 |
| 第 1 章 | 初识 Photoshop | 2 | |
| 第 2 章 | Photoshop 基础知识 | 2 | 2 |
| 第 3 章 | 常用工具的使用 | 2 | 4 |
| 第 4 章 | 抠图 | 4 | 4 |
| 第 5 章 | 修图 | 4 | 4 |
| 第 6 章 | 调色 | 4 | 4 |
| 第 7 章 | 合成 | 4 | 4 |
| 第 8 章 | 特效 | 4 | 4 |
| 第 9 章 | 商业案例 | 4 | 8 |
| 学时总计 | | 30 | 34 |

**本书约定**

本书案例素材所在位置：章号 / 素材 / 案例名，如 Ch08/ 素材 / 制作水彩画。

本书案例效果文件所在位置：章号 / 效果 / 案例名，如 Ch08/ 效果 / 水彩画 .psd。

本书中关于颜色设置的表述，如蓝色（232、239、248），括号中的数字分别为其 R、G、B 的值。

本书由牟音昊、高晓菲、洪波任主编，刘莉萍、刘振民任副主编，参与编写的还有娄艺。

由于作者水平有限，书中难免存在疏漏和不妥之处，敬请广大读者批评指正。

编　者

2023 年 5 月

# Photoshop

## CONTENTS —————— 目录

—01—

—02—

## 第1章　初识 Photoshop

## 第2章　Photoshop 基础知识

Photoshop

—03—

## 第 3 章　常用工具的使用

# CONTENTS ———————— 目录

## ——04——

# 第4章　抠图

## ——05——

# 第5章　修图

Photoshop

## ─06─

## 第6章 调色

# CONTENTS 目录

# —07—

## 第7章　合成

# —08—

## 第8章　特效

## 第 9 章　商业案例

# CONTENTS 目录

# 扩展知识扫码阅读

## 设计基础知识

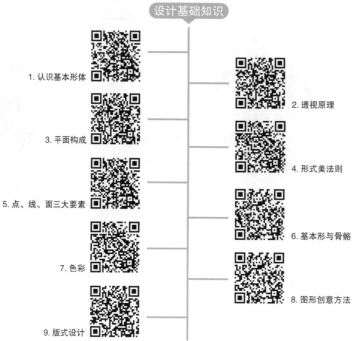

1. 认识基本形体

3. 平面构成

5. 点、线、面三大要素

7. 色彩

9. 版式设计

2. 透视原理

4. 形式美法则

6. 基本形与骨骼

8. 图形创意方法

## 设计应用知识

1. 图标设计

图标的概念　　图标的设计流程　　图标的设计原则

图标的设计规范　　图标的风格类型

3. 招贴广告设计

5. 书籍设计

7. 网页设计

2. APP 界面设计

APP 的概念　　APP 设计的流程　　APP 设计的原则

iOS 系统设计规范　　Android 设计规范　　APP 常用界面类型

4. 电商网店设计

Photoshop 在电商中的应用　　淘宝店铺各模块图片尺寸及具体要求　　网店首页各元素的设计　　商品详情页面各元素设计

6. 包装设计

常用工具速查表　　常用快捷键速查表

# 01

# 第1章

# 初识 Photoshop

▶ **本章介绍**

  在学习 Photoshop 软件之前，首先要了解 Photoshop，包含 Photoshop 的概述、Photoshop 的历史和应用领域，只有认识了 Photoshop 的软件特点和功能特色，才能更有效率地学习和运用 Photoshop，从而为我们的工作和学习带来便利。

## 学习目标

- 了解 Photoshop 概述
- 了解 Photoshop 的历史
- 了解 Photoshop 的应用领域

慕课视频

初识
Photoshop

# 1.1 Photoshop 概述

Adobe Photoshop，简称"PS"，是一款专业的数字图像处理软件，深受创意设计人员和图像处理爱好者的喜爱。PS 拥有强大的绘图和编辑工具，可以对图像、图形、文字、视频等进行编辑，完成抠图、修图、调色、合成、添加特效、视频编辑等工作。

Photoshop 是目前最强大的图像处理软件，人们常说的"P 图"，就是从 Photoshop 而来。作为设计师，无论身处哪个领域，如平面、网页、动画和影视等，都需要熟练掌握 Photoshop。

# 1.2 Photoshop 的历史

图 1-1

## 1.2.1 Photoshop 的诞生

在启动 Photoshop 时，在启动界面中有一个名单，如图 1-1 所示，排在第一位的是对 Photoshop 最重要的人—— Thomas Knoll。

1987 年，Thomas Knoll（见图 1-5）是美国密歇根大学的博士生，他在完成毕业论文的时候，发现苹果计算机黑白位图显示器上无法显示带灰阶的黑白图像，如图 1-2 所示。于是他动手编写了一个叫 Display 的程序，如图 1-3 所示，可以在黑白位图显示器上显示带灰阶的黑白图像，如图 1-4 所示。

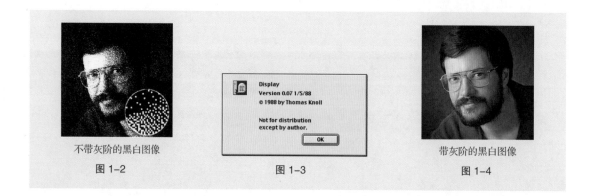

不带灰阶的黑白图像
图 1-2

图 1-3

带灰阶的黑白图像
图 1-4

后来他又和哥哥 John Knoll（见图 1-5）一起在 Display 中增加了色彩调整、羽化等功能，并将 Display 更名为 Photoshop。后来，软件巨头 Adobe 公司花了 3 450 万美元买下了 Photoshop 的版权。

Thomas Knoll

John Knoll

图 1-5

## 1.2.2　Photoshop 的发展

Adobe 公司于 1990 年推出了 Photoshop 1.0，之后不断优化 Photoshop，随着版本的升级，Photoshop 的功能越来越强大。Photoshop 的图标设计也在不断地变化，直到 2002 年推出了 Photoshop 7.0，如图 1-6 所示。

Photoshop1.0　Photoshop2.0　Photoshop2.5　Photoshop3.0　Photoshop4.0　Photoshop5.0　Photoshop6.0　Photoshop7.0

图 1-6

2003 年，Adobe 整合了公司旗下的设计软件，推出了 Adobe Creative Suit（Adobe 创意套装），如图 1-7 所示，简称 Adobe CS。Photoshop 也被命名为 Photoshop CS，之后陆续推出了 Photoshop CS2、CS3、CS4、CS5，2012 年推出了 Photoshop CS6，如图 1-8 所示。

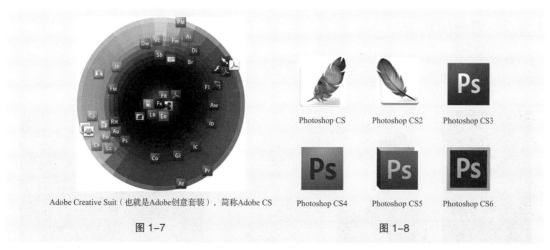

Adobe Creative Suit（也就是Adobe创意套装），简称Adobe CS

图 1-7

Photoshop CS　　Photoshop CS2　　Photoshop CS3

Photoshop CS4　　Photoshop CS5　　Photoshop CS6

图 1-8

2013 年，Adobe 公司推出了 Adobe Creative Cloud（Adobe 创意云），简称 Adobe CC。Photoshop 也被命名为 Photoshop CC，如图 1-9 所示。这也是目前 Photoshop 的最新版本。

Adobe Creative Cloud（也就是Adobe创意云），简称 Adobe CC　　　　Photoshop CC

图 1-9

**扩展:** Adobe 公司创建于 1982 年,是世界领先数字媒体和在线营销方案的供应商。

# 1.3 Photoshop 的应用领域

## 1.3.1 图像处理

慕课视频

Photoshop 的
应用领域

  Photoshop 具有强大的图片修饰功能,能够最大限度地满足人们对美的追求。通过 Photoshop 的抠图、修图、照片美化等功能,图像可以变得更加完美且富有想象力,如图 1-10 所示。

图 1-10

## 1.3.2 视觉创意

  Photoshop 为用户提供了无限广阔的创作空间,用户可以根据自我想象力对图像进行合成、添加特效及 3D 创作等,达到视觉与创意的完美结合,如图 1-11 所示。

图 1-11

## 1.3.3 数字绘画

  Photoshop 中提供了丰富的色彩及种类繁多的绘制工具,为数字艺术创作提供了便利条件,让用户在计算机上也可以绘制出风格多样的精美插画和游戏美术。数字绘画已经成为新文化群体表达意识形态的重要途径,在日常生活中随处可见,如图 1-12 所示。

图 1-12

## 1.3.4　平面设计

平面设计是 Photoshop 应用最为广泛的领域，无论广告、招贴，还是宣传单、海报等具有丰富图像的平面印刷品，都需要使用 Photoshop 来完成，如图 1-13 所示。

图 1-13

## 1.3.5　包装设计

在书籍装帧设计和产品包装设计中，Photoshop 对图像元素的处理也至关重要，是设计出有品位的包装的必备利器，如图 1-14 所示。

图 1-14

## 1.3.6　界面设计

随着互联网的普及，人们对界面的审美要求也在不断提升，Photoshop 的应用就显得尤为重要。

它可以美化网页元素、制作各种真实的质感和特效，已经受到越来越多的设计者的喜爱，如图 1-15 所示。

图 1-15

### 1.3.7　产品设计

在产品设计的效果图表现阶段，经常要使用 Photoshop 来绘制产品效果图。利用 Photoshop 的强大功能，可充分表现出产品功能上的优越性和细节，设计出造价低且能赢得顾客的产品，如图 1-16 所示。

图 1-16

### 1.3.8　效果图处理

Photoshop 作为强大的图像处理软件，不仅可以对渲染出的室内外效果图进行配景、色调调整等后期处理，还可以绘制精美贴图，将其贴在模型上达到好的渲染效果，如图 1-17 所示。

图 1-17

# 第 2 章

# Photoshop 基础知识

## ▶ 本章介绍

本章对 Photoshop 的基本功能特点和图像处理基础知识进行讲解。通过本章的学习，可以对 Photoshop CS6 的多种功用有一个大体的、全方位的了解，有助于在制作图像的过程中快速地定位，应用相应的知识点完成图像的制作任务。

### 学习目标

- 了解软件的工作界面
- 熟练掌握新建和打开图像的方法
- 熟练掌握保存和关闭图像的技巧
- 掌握恢复操作的应用
- 了解位图、矢量图和分辨率
- 了解常用的图像色彩模式
- 了解常用的图像文件格式

慕课视频

Photoshop
基础知识

# 2.1 工作界面

熟悉工作界面是学习 Photoshop CS6 的基础。熟练掌握工作界面的内容，有助于初学者日后得心应手地驾驭软件。Photoshop CS6 的工作界面主要由菜单栏、属性栏、工具箱、控制面板和状态栏组成，如图 2-1 所示。

Photoshop CS6 核心应用案例教程（全彩慕课版）

8

图 2-1

菜单栏：菜单栏中共包含 11 个菜单命令。利用菜单命令可以完成编辑图像、调整色彩、添加滤镜效果等操作。

工具箱：工具箱中包含多种工具。利用不同的工具可以完成对图像的绘制、观察、测量等操作。

属性栏：属性栏是工具箱中各个工具的功能扩展。通过在属性栏中设置不同的选项，可以快速完成多样化的操作。

控制面板：控制面板是 Photoshop CS6 的重要组成部分。通过不同的功能面板，可以完成在图像中填充颜色、设置图层、添加样式等操作。

状态栏：状态栏可以提供当前文件的显示比例、文档大小、当前工具、暂存盘大小等提示信息。

## 2.1.1 菜单栏

菜单分类：Photoshop CS6 的菜单栏依次分为 "文件" 菜单、"编辑" 菜单、"图像" 菜单、"图层" 菜单、"文字" 菜单、"选择" 菜单、"滤镜" 菜单、"3D" 菜单、"视图" 菜单、"窗口" 菜单及 "帮助" 菜单，如图 2-2 所示。

| 文件(F) | 编辑(E) | 图像(I) | 图层(L) | 文字(Y) | 选择(S) | 滤镜(T) | 3D(D) | 视图(V) | 窗口(W) | 帮助(H) |

图 2-2

"文件" 菜单包含了各种文件操作命令。"编辑" 菜单包含了各种编辑文件的操作命令。"图像" 菜单包含了各种改变图像的大小、颜色等的操作命令。"图层" 菜单包含了各种调整图像中图层的操作命令。"文字" 菜单包含了各种对文字的编辑和调整功能。"选择" 菜单包含了各种关于选区的操作命令。"滤镜" 菜单包含了各种添加滤镜效果的操作命令。"3D" 菜单包含了创建 3D 模型、编辑 3D 属性、调整纹理及编辑光线等命令。"视图"菜单包含了各种对视图进行设置的操作命令。"窗口"菜单包含了各种显示或隐藏控制面板的命令。"帮助"菜单包含了各种帮助信息。

菜单命令的不同状态：有些菜单命令中包含了更多相关的菜单命令，包含子菜单的菜单命令，其右侧会显示黑色的三角形▶，单击带有三角形的菜单命令，就会显示出其子菜单，如图 2-3 所示。当菜单命令不符合运行的条件时，就会显示为灰色，即不可执行状态。例如，在 CMYK 模式下，"滤镜"菜单中的部分菜单命令将变为灰色，不能使用。当菜单命令后面显示有省略号"..."时，如图 2-4 所示，表示单击此菜单，可以弹出相应的对话框，可以在对话框中进行相应的设置。

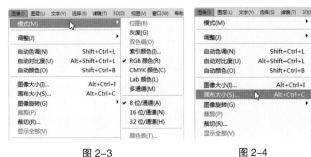

图 2-3                    图 2-4

键盘快捷键和菜单命令：选择"窗口 > 工作区 > 键盘快捷键和菜单"命令，弹出"键盘快捷键和菜单"对话框，如图 2-5 所示。可以根据操作需要隐藏或显示指定的菜单命令，如图 2-6 所示；也可以为不同的菜单命令设置不同的颜色，如图 2-7 所示；还可以自定义和保存键盘快捷键，如图 2-8 所示。

图 2-5                                        图 2-6

图 2-7                                        图 2-8

## 2.1.2　工具箱

Photoshop CS6 的工具箱如图 2-9 所示，包括选择工具、绘图工具、填充工具、编辑工具、颜色选择工具、屏幕视图工具、快速蒙版工具等。要了解每个工具的具体名称，可以将鼠标光标放置在具体工具的上方，此时会出现一个黄色的图标，上面会显示该工具的具体名称，如图 2-10 所示。工具名称后面括号中的字母，代表选择此工具的快捷键，只要在键盘上按该字母，就可以快速切换到相应的工具上。

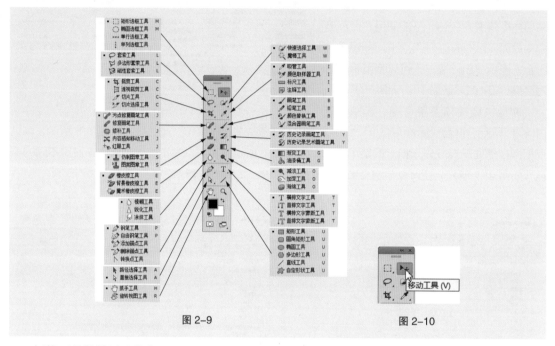

图 2-9　　　　　　　　　　　　　图 2-10

切换工具箱的显示状态：Photoshop CS6 的工具箱可以根据需要在单栏与双栏之间自由切换。当工具箱显示为双栏时，如图 2-11 所示，单击工具箱上方的双箭头图标，工具箱即可转换为单栏，节省工作空间，如图 2-12 所示。

图 2-11　　　　　　　　　　　　　图 2-12

显示隐藏的工具：在工具箱中，部分工具图标的右下方有一个黑色的小三角　，表示在该工具下还有隐藏的工具。用鼠标在工具箱中有小三角的工具图标上单击，并按住鼠标不放，弹出隐藏工具选项，如图2-13所示，将鼠标光标移动到需要的工具图标上，即可选择该工具。

图 2-13

恐复工具的默认设置：要想恢复工具默认的设置，可以选择该工具，在相应的工具属性栏中，用鼠标右键单击工具图标，在弹出的菜单中选择"复位工具"命令，如图2-14所示。

图 2-14

光标的显示状态：当选择工具箱中的工具后，图像中的光标就变为工具图标。例如，选择"裁剪"工具，图像窗口中的光标也随之显示为裁剪工具的图标，如图2-15所示。

选择"画笔"工具，光标显示为画笔工具的对应图标，如图2-16所示。按 Caps Lock 键，光标转换为精确的十字形图标，如图2-17所示。

图 2-15 图 2-16 图 2-17

### 2.1.3　属性栏

当选择某个工具后，会出现相应的工具属性栏，可以通过属性栏对工具进行进一步的设置。例如，当选择"魔棒"工具时，工作界面的上方会出现相应的魔棒工具属性栏，可以应用属性栏中的各个命令对工具做进一步的设置，如图2-18所示。

图 2-18

### 2.1.4　状态栏

打开一幅图像时，图像的下方会出现该图像的状态栏，如图2-19所示。

图 2-19

状态栏的左侧显示当前图像缩放显示的百分数。在显示区的文本框中输入数值可改变图像窗口的显示比例。

在状态栏的中间部分显示当前图像的文件信息，单击三角形图标，在弹出的菜单中可以选择当前图像的相关信息进行显示，如图2-20所示。

图 2-20

### 2.1.5　控制面板

控制面板是处理图像时另一个不可或缺的部分。Photoshop CS6 界面为用户提供了多个控制面板。

收缩与扩展控制面板：控制面板可以根据需要进行伸缩。面板的展开状态如图 2-21 所示。单击控制面板上方的双箭头图标 ▶▶，可以将控制面板收缩，如图 2-22 所示。如果要展开某个控制面板，可以直接单击其选项卡，相应的控制面板会自动弹出，如图 2-23 所示。

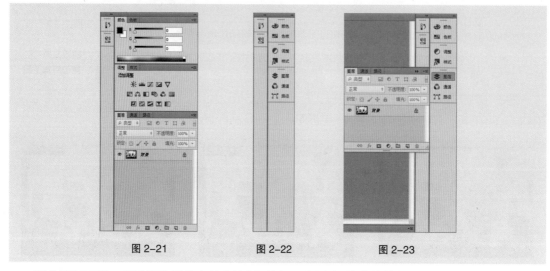

图 2-21　　　　　图 2-22　　　　　图 2-23

拆分控制面板：若需单独拆分出某个控制面板，可用鼠标选中该控制面板的选项卡并向工作区拖曳，如图 2-24 所示，选中的控制面板将被单独地拆分出来，如图 2-25 所示。

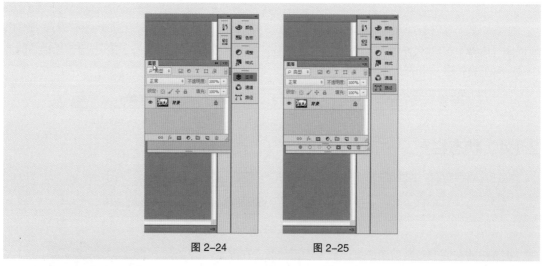

图 2-24　　　　　图 2-25

组合控制面板：可以根据需要将两个或多个控制面板组合到一个面板组中，这样可以节省操作的空间。要组合控制面板，可以选中外部控制面板的选项卡，用鼠标将其拖曳到要组合的面板组中，面板组周围出现蓝色的边框，如图 2-26 所示，此时，释放鼠标，控制面板将被组合到面板组中，如图 2-27 所示。

控制面板弹出式菜单：单击控制面板右上方的图标 ▼≡，将弹出控制面板的相关命令菜单，应用这些菜单可以提高控制面板的功能性，如图 2-28 所示。

隐藏与显示控制面板：按 Tab 键，可以隐藏工具箱和控制面板；再次按 Tab 键，可以显示出隐藏的部分。按 Shift+Tab 组合键，可以隐藏控制面板；再次按 Shift+Tab 组合键，可以显示出隐藏的部分。

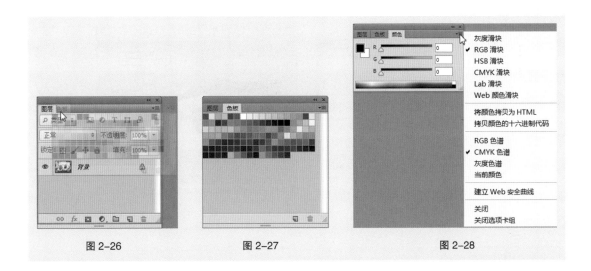

图 2-26　　　　　　　　图 2-27　　　　　　　　图 2-28

# 2.2　新建和打开图像

## 2.2.1　新建图像

选择"文件 > 新建"命令，或按 Ctrl+N 组合键，弹出"新建"对话框。在对话框中可以设置新建的图像名称、宽度和高度、分辨率、颜色模式等选项，如图 2-29 所示，设置完成后单击"确定"按钮，即可完成新建图像，如图 2-30 所示。

慕课视频

文件的基础
操作

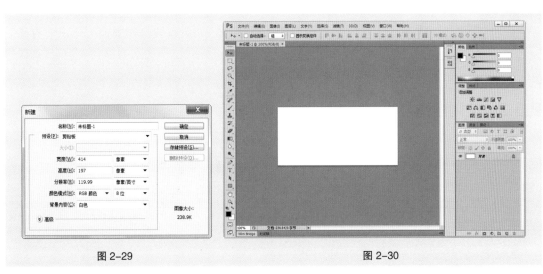

图 2-29　　　　　　　　　　　　　　图 2-30

## 2.2.2　打开图像

如果要对照片或图片进行修改和处理，就要在 Photoshop CS6 中打开需要的图像。

选择"文件 > 打开"命令，或按 Ctrl+O 组合键，弹出"打开"对话框，在对话框中搜索路径和文件，确认文件类型和名称，通过 Photoshop CS6 提供的预览图标选择文件，如图 2-31 所示，然后单击"打开"按钮，或直接双击文件，即可打开所指定的图像文件，如图 2-32 所示。

图 2-31

图 2-32

## 2.3 保存和关闭图像

图 2-33

### 2.3.1 保存图像

编辑和制作完图像后，就需要将图像进行保存，以便于下次打开继续操作。

选择"文件 > 存储"命令，或按 Ctrl+S 组合键，可以存储文件。当设计好的作品进行第一次存储时，选择"文件 > 存储"命令，将弹出"存储为"对话框，如图 2-33 所示，在对话框中输入文件名、选择文件格式后，单击"保存"按钮，即可将图像保存。

当对已存储过的图像文件进行各种编辑操作后，选择"存储"命令，将不弹出"存储为"对话框，计算机会直接保存最终确认的结果，并覆盖原始文件。

### 2.3.2 关闭图像

图像存储完毕后，可以选择将其关闭。选择"文件 > 关闭"命令，或按 Ctrl+W 组合键，即可关闭文件。关闭图像时，若当前文件被修改过或是新建的文件，则会弹出提示框，如图 2-34 所示，单击"是"按钮即可存储并关闭图像。

图 2-34

## 2.4 恢复操作的应用

### 2.4.1 恢复到上一步的操作

在编辑图像的过程中可以随时将操作返回到上一步，也可以还原图像到恢复前的效果。选择"编辑 > 还原"命令，或按 Ctrl+Z 组合键，可以恢复到图像的上一步操作。如果想还原图像到恢复前的效果，再按 Ctrl+Z 组合键即可。

### 2.4.2　中断操作

当 Photoshop CS6 正在进行图像处理时，想中断这次正在进行的操作，按 Esc 键即可。

### 2.4.3　恢复到操作过程的任意步骤

"历史记录"控制面板可以将进行过多次处理操作的图像恢复到任一步操作时的状态，即所谓的"多次恢复功能"。选择"窗口 > 历史记录"命令，弹出"历史记录"控制面板，如图 2-35 所示。

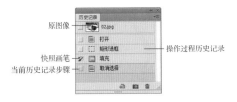

图 2-35

控制面板下方的按钮从左至右依次为"从当前状态创建新文档"按钮 、"创建新快照"按钮 、"删除当前状态"按钮 。

单击控制面板右上方的图标 ，弹出"历史记录"控制面板的下拉命令菜单，如图 2-36 所示。"前进一步"用于将滑块向下移动一位，"后退一步"用于将滑块向上移动一位，"新建快照"用于根据当前滑块所指的操作记录建立新的快照，"删除"用于删除控制面板中滑块所指的操作记录，"清除历史记录"用于清除控制面板中除最后一条记录外的所有记录，"新建文档"用于由当前状态

图 2-36

或者快照建立新的文件，"历史记录选项"用于设置"历史记录"控制面板，"关闭"和"关闭选项卡组"用于关闭"历史记录"控制面板和控制面板所在的选项卡组。

## 2.5　位图和矢量图

### 2.5.1　位图

幕课视频

位图和矢量图

位图图像也叫点阵图像，它是由许多单独的小方块组成的。这些小方块又被称为像素点。每个像素点都有特定的位置和颜色值。位图图像的显示效果与像素点是紧密联系在一起的，不同排列和着色的像素点组合在一起构成了一幅色彩丰富的图像。像素点越多，图像的分辨率越高；相应地，图像的文件大小也会随之增大。

一幅位图图像的原始效果如图 2-37 所示。使用放大工具放大后，可以清晰地看到像素的小方块形状与不同的颜色，效果如图 2-38 所示。

位图与分辨率有关，如果在屏幕上以较大的倍数放大显示图像，

图 2-37

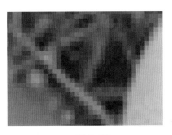

图 2-38

或以低于创建时的分辨率打印图像，图像就会出现锯齿状的边缘，并且会丢失细节。

## 2.5.2 矢量图

矢量图也叫向量图，它是一种基于图形的几何特性来描述的图像。矢量图中的各种图形元素被称为对象。每一个对象都是独立的个体，都具有大小、颜色、形状、轮廓等属性。

矢量图与分辨率无关，可以将它设置为任意大小，其清晰度不会改变，也不会出现锯齿状的边缘。在任何分辨率下显示或打印，都不会损失细节。一幅矢量图的原始效果如图2-39所示。使用放大工具放大后，其清晰度不变，效果如图2-40所示。

矢量图所占的容量较少，但其缺点是不易制作色调丰富的图像，而且绘制出来的图形无法像位图那样精确地描绘各种绚丽的景象。

图 2-39　　　　　　　图 2-40

# 2.6　分辨率

## 2.6.1　图像分辨率

慕课视频

在 Photoshop CS6 中，图像中每单位长度上的像素数目，称为图像的分辨率，其单位为像素 / 英寸或像素 / 厘米。

分辨率

在相同尺寸的两幅图像中，高分辨率的图像包含的像素比低分辨率的图像包含的像素多。例如，一幅尺寸为 1 英寸 ×1 英寸的图像，其分辨率为 72 像素 / 英寸，这幅图像包含 5 184 个像素（72×72 = 5 184）。同样尺寸，分辨率为 300 像素 / 英寸的图像，图像包含 90 000 个像素。相同尺寸下，分辨率为 72 像素 / 英寸的图像效果如图 2-41 所示，分辨率为 10 像素 / 英寸的图像效果如图 2-42 所示。由此可见，在相同尺寸下，高分辨率的图像能更清晰地表现图像内容。

> 提示：分辨率常用像素 / 英寸表示，1 英寸 =2.54 厘米，72 像素 / 厘米 =183 像素 / 英寸。

图 2-41　　　　　　　　　图 2-42

## 2.6.2　屏幕分辨率

屏幕分辨率是显示器上每单位长度显示的像素数目。屏幕分辨率取决于显示器大小及其像素设置。PC 显示器的分辨率一般约为 96 像素 / 英寸，Mac 显示器的分辨率一般约为 72 像素 / 英寸。在 Photoshop CS6 中，图像像素被直接转换成显示器屏幕像素，当图像分辨率高于屏幕分辨率时，屏幕中显示的图像比实际尺寸大。

### 2.6.3 输出分辨率

输出分辨率是照排机或激光打印机等输出设备产生的每英寸的油墨点数（dpi）。为获得好的效果，使用的图像分辨率应与打印机分辨率成正比。

## 2.7 图像的色彩模式

### 2.7.1 CMYK 模式

CMYK 代表了印刷中常用的 4 种油墨颜色：C 代表青色，M 代表洋红色，Y 代表黄色，K 代表黑色。CMYK 颜色控制面板如图 2-43 所示。

CMYK 模式在印刷时应用了色彩学中的减法混合原理，即减色色彩模式。它是图片、插图和其他 Photoshop 作品中最常用的一种印刷方式。因为在印刷中通常都要进行四色分色，出四色胶片，然后进行印刷。

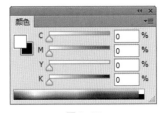

图 2-43

### 2.7.2 RGB 模式

与 CMYK 模式不同的是，RGB 模式是一种加色模式。它通过红、绿、蓝 3 种色光相叠加而形成更多的颜色。RGB 是色光的彩色模式，一幅 24bit 的 RGB 图像有 3 个色彩信息的通道：红色（R）、绿色（G）和蓝色（B）。RGB 颜色控制面板如图 2-44 所示。

每个通道都有 8 bit 的色彩信息—— 一个 0 ~ 255 的亮度值色域。也就是说，每一种色彩都有 256 个亮度水平级。3 种色彩相叠加，可以有 256×256×256=1 670 万种可能的颜色。这 1 670 万种颜色足以表现出绚丽多彩的世界。

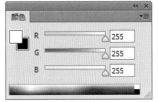

图 2-44

在 Photoshop CS6 中编辑图像时，RGB 模式应是最佳的选择。因为它可以提供全屏幕的多达 24bit 的色彩范围，一些计算机领域的色彩专家称之为"True Color（真色彩）"显示。

### 2.7.3 Lab 模式

Lab 是 Photoshop 中的一种国际色彩标准模式，它由 3 个通道组成：一个通道是透明度，即 L；其他两个是色彩通道，即色相和饱和度，用 a 和 b 表示。a 通道包括的颜色值从深绿到灰，再到亮粉红色；b 通道是从亮蓝色到灰，再到焦黄色。这种色彩混合后将产生明亮的色彩。Lab 颜色控制面板如图 2-45 所示。

Lab 模式在理论上包括了人眼可见的所有色彩，它弥补了 CMYK

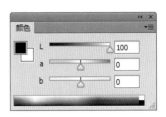

图 2-45

模式和 RGB 模式的不足。在这种模式下，图像的处理速度比在 CMYK 模式下快数倍，与 RGB 模式的速度相仿。而且在把 Lab 模式转换成 CMYK 模式的过程中，所有的色彩不会丢失或被替换。事实上，当 Photoshop CS6 将 RGB 模式转换成 CMYK 模式时，Lab 模式一直扮演着中介者的角色。也就是说，RGB 模式先转换成 Lab 模式，再转换成 CMYK 模式。

### 2.7.4　HSB 模式

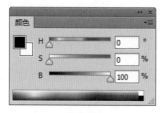

图 2-46

HSB 模式只有在颜色吸取窗口中才会出现。H 代表色相，S 代表饱和度，B 代表亮度。色相的意思是纯色，即组成可见光谱的单色。红色为 0 度，绿色为 120 度，蓝色为 240 度。饱和度代表色彩的纯度，饱和度为零时即为灰色，黑、白、灰 3 种色彩没有饱和度。亮度是色彩的明亮程度，最大亮度是色彩最鲜明的状态，黑色的亮度为 0。HSB 颜色控制面板如图 2-46 所示。

### 2.7.5　灰度模式

灰度模式是由单一色调表现图像的色彩模式。灰度图又叫 8 bit 深度图，图中每个像素用 8 个二进制位表示，能产生 $2^8$（即 256）级灰色调。当一个彩色文件被转换为灰度模式文件时，所有的颜色信息都将丢失。尽管 Photoshop CS6 允许将一个灰度文件转换为彩色模式文件，但不可能将原来的颜色完全还原。所以，当要转换成灰度模式时，应先做好图像的备份。

图 2-47

与黑白照片一样，一个灰度模式的图像只有明暗值，没有色相和饱和度这两种颜色信息。0% 代表白，100% 代表黑。其中的 K 值用于衡量黑色油墨用量，颜色控制面板如图 2-47 所示。

## 2.8　常用的图像文件格式

### 2.8.1　PSD 格式

PSD 格式和 PDD 格式是 Photoshop CS6 自身的专用文件格式，能够支持从线图到 CMYK 的所有图像类型，但由于在一些图形处理软件中没有得到很好的支持，所以其通用性不强。PSD 格式和 PDD 格式能够保存图像数据的细节部分，如图层、蒙版、通道等 Photoshop CS6 对图像进行特殊处理的信息。在没有最终决定图像存储的格式前，最好先以这两种格式存储。另外，Photoshop CS6 打开和存储这两种格式的文件比其他格式更快。但是这两种格式也有缺点，就是它们所存储的图像文件容量大，占用磁盘空间较多。

慕课视频

图像文件格式

### 2.8.2　TIF 格式

TIF 格式是标签图像格式。TIF 格式对于色彩通道图像来说是最有用的格式，具有很强的可移植性，它可以用于 PC、Macintosh 及 UNIX 工作站三大平台，是这三大平台上使用最广泛的绘图格式。

用 TIF 格式存储时应考虑到文件的大小，因为 TIF 格式的结构要比其他格式更复杂。但 TIF 格式支持 24 个通道，能存储多于 4 个通道的文件格式。TIF 格式还允许使用 Photoshop CS6 中的复杂工具和滤镜特效处理。TIF 格式非常适合于印刷和输出。

### 2.8.3  GIF 格式

GIF 是 Graphics Interchange Format 的缩写。GIF 格式的图像文件容量比较小，它形成一种压缩的 8 bit 图像文件。正因为这样，一般这种格式的文件可缩短图形的加载时间。如果在网络中传送图像文件，GIF 格式的图像文件的处理要比其他格式的图像文件快得多。

### 2.8.4  JPEG 格式

JPEG 是 Joint Photographic Experts Group 的缩写，中文意思为联合图片专家组。JPEG 格式既是 Photoshop CS6 支持的一种文件格式，也是一种压缩方案。它是 Macintosh 上常用的一种图片存储类型。JPEG 格式是压缩格式中的"佼佼者"，与 TIF 文件格式采用的 LIW 无损压缩相比，它的压缩比例更大。但它使用的有损压缩会丢失部分数据。用户可以在存储前选择图像的最高质量，这就能控制数据的损失程度。

### 2.8.5  EPS 格式

EPS 是 Encapsulated Post Script 的缩写。EPS 格式是 Illustrator 和 Photoshop 之间可交换的文件格式。Illustrator 软件制作出来的流动曲线、简单图形和专业图像一般都存储为 EPS 格式。Photoshop 可以处理这种格式的文件。在 Photoshop 中，也可以把其他图形文件存储为 EPS 格式。

### 2.8.6  PNG 格式

PNG 格式是用于无损压缩和在 Web 上显示图像的文件格式，是 GIF 格式的无专利替代品，它支持 24 位图像且能产生无锯齿状边缘的透明背景；还支持无 Alpha 通道的 RGB、索引颜色、灰度和位图模式的图像。某些 Web 浏览器不支持 PNG 图像。

### 2.8.7  选择合适的图像文件存储格式

可以根据工作任务的需要选择合适的图像文件存储格式，下面就根据图像的不同用途介绍应该选择的图像文件存储格式。

用于印刷：TIF、EPS。

用于出版物：PDF。

用于网络图像：GIF、JPEG、PNG。

用于 Photoshop CS6 软件：PSD、PDD、TIF。

# 第 3 章

# 常用工具的使用

03

▶ **本章介绍**

　　本章将主要介绍Photoshop CS6常用工具的使用，讲解选择图像、绘画和绘图的方法及文字工具的使用技巧。通过本章的学习，可以快速地选择和绘制规则与不规则的图形，并添加适当的文字，提高工作效率，制作出多变的图像效果。

**学习目标**

● 熟练掌握选择工具组的使用
● 掌握绘画工具组的应用
● 掌握文字工具组的应用
● 熟练掌握绘图工具组的应用

**技能目标**

● 掌握"圣诞贺卡"的制作方法
● 掌握"森林剪影"的制作方法
● 掌握"文字海报"的合成方法
● 掌握"拉杆箱"的制作方法

慕课视频

常用工具的
使用

# 3.1 选择工具组

对图像进行编辑，首先要进行选择图像的操作。能够快捷、精确地选择图像是提高处理图像效率的关键。

## 3.1.1 课堂案例——制作圣诞贺卡

【案例学习目标】学习使用不同的选择工具选取不同的图像，并应用移动工具移动装饰图片。

【案例知识要点】使用"磁性套索"工具绘制选区，使用"多边形套索"工具和"魔棒"工具选取图像，使用"移动"工具移动选区中的图像，效果如图 3-1 所示。

扫码观看本案例视频

扫码观看扩展案例

图 3-1

（1）按 Ctrl+N 组合键，新建一个文件，宽度为 14.4 cm，高度为 9.7 cm，分辨率为 150 像素 / 英寸，背景内容为白色，新建文档。将前景色设为暗绿色（12、73、43）。按 Alt+Delete 组合键，用前景色填充"背景"图层，如图 3-2 所示。

（2）新建图层并将其命名为"矩形"。将前景色设为白色。选择"矩形选框"工具 ⬚，在图像窗口中绘制矩形选区，如图 3-3 所示。按 Alt+Delete 组合键，用前景色填充选区。按 Ctrl+D 组合键，取消选区，效果如图 3-4 所示。

图 3-2

图 3-3

图 3-4

（3）按 Ctrl + O 组合键，打开素材 01 文件。选择"磁性套索"工具 ⧈，在 01 图像窗口中沿着礼盒边缘拖曳鼠标，图像周围生成选区，如图 3-5 所示。

（4）选择"移动"工具 ⊕，将选区中的图像拖曳到新建的图像窗口中适当的位置，如图 3-6 所示，在"图层"控制面板中生成新的图层并将其命名为"礼盒"。按 Ctrl+T 组合键，在图像周围出现变换框，按住 Shift 键的同时，向内拖曳左上角的控制手柄，等比例缩小图片，按 Enter 键确定操作，效果如图 3-7 所示。

图 3-5                    图 3-6                    图 3-7

（5）按 Ctrl + O 组合键，打开素材 02 文件。选择"魔棒"工具 ![魔棒]，在图像窗口中的白色背景区域单击鼠标左键，图像周围生成选区，如图 3-8 所示。按 Shift+Ctrl+I 组合键，将选区反选，图像效果如图 3-9 所示。

（6）选择"移动"工具 ![移动]，将选区中的图像拖曳到新建的图像窗口中适当的位置，在"图层"控制面板中生成新的图层并将其命名为"圣诞树"。按 Ctrl+T 组合键，在图像周围出现变换框，按住 Shift 键的同时，向内拖曳左上角的控制手柄，等比例缩小图片，按 Enter 键确定操作，效果如图 3-10 所示。

图 3-8                    图 3-9                    图 3-10

（7）按 Ctrl + O 组合键，打开素材 03 文件。选择"磁性套索"工具 ![磁性套索]，在 03 图像窗口中沿着圣诞老人边缘拖曳鼠标，图像周围生成选区，如图 3-11 所示。

（8）选择"移动"工具 ![移动]，将选区中的图像拖曳到新建的图像窗口中适当的位置，在"图层"控制面板中生成新的图层并将其命名为"圣诞老人"。按 Ctrl+T 组合键，在图像周围出现变换框，按住 Shift 键的同时，向内拖曳左上角的控制手柄，等比例缩小图片，按 Enter 键确定操作，效果如图 3-12 所示。

（9）新建图层并将其命名为"阴影"。将前景色设为黑色。选择"椭圆选框"工具 ![椭圆选框]，在属性栏中单击"添加到选区"按钮 ![添加到选区]，将"羽化"选项设为 5 像素，在图像窗口中绘制两个椭圆选区，如图 3-13 所示。按 Alt+Delete 组合键，用前景色填充选区。按 Ctrl+D 组合键，取消选区，效果如图 3-14 所示。

图 3-11                   图 3-12                   图 3-13                   图 3-14

（10）在"图层"控制面板上方，将"阴影"图层的"不透明度"选项设为 74%，如图 3-15 所示，按 Enter 键确定操作，效果如图 3-16 所示。

（11）在"图层"控制面板中，将"阴影"图层拖曳到"圣诞老人"图层的下方，如图3-17所示，图像效果如图3-18所示。

图3-15 　　　　　　图3-16 　　　　　　图3-17 　　　　　　图3-18

（12）选择"文件 > 置入"命令，弹出"置入"对话框，选择素材04文件，单击"置入"按钮，将图片置入到图像窗口中，并拖曳到适当的位置，按Enter键确定操作，效果如图3-19所示，在"图层"控制面板中生成新的图层并将其命名为"文字"。

（13）单击"图层"控制面板下方的"添加图层样式"按钮 $fx$，在弹出的菜单中选择"渐变叠加"命令，弹出对话框，单击"渐变"选项右侧的"点按可编辑渐变"按钮 ，弹出"渐变编辑器"对话框，在"位置"选项中分别输入0、25、50、75、100五个位置点，并分别设置五个位置点颜色的RGB值为0（255、204、60）、25（255、246、224）、50（255、203、56）、75（255、247、229）、100（255、203、56），如图3-20所示，单击"确定"按钮。返回"渐变叠加"对话框，其他选项的设置如图3-21所示，单击"确定"按钮，图像效果如图3-22所示。圣诞贺卡制作完成。

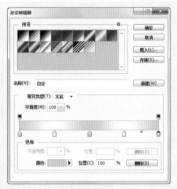

图3-19 　　　　　　　　　　图3-20

图3-21 　　　　　　　　　　图3-22

## 3.1.2　"移动"工具

移动工具可以将图层中的整幅图像或选定区域中的图像移动到指定位置。

选择"移动"工具 ▶↴，或按 V 键，其属性栏状态如图 3-23 所示。

图 3-23

## 3.1.3　"矩形选框"工具

选择"矩形选框"工具 ▭，或反复按 Shift+M 组合键，其属性栏状态如图 3-24 所示。

图 3-24

新选区 ▣：去除旧选区，绘制新选区。添加到选区 ▣：在原有选区的上面增加新的选区。从选区减去 ▣：在原有选区上减去新选区的部分。与选区交叉 ▣：选择新旧选区重叠的部分。羽化：用于设定选区边界的羽化程度。消除锯齿：用于清除选区边缘的锯齿。样式：用于选择类型。

选择"矩形选框"工具 ▭，在图像中适当的位置单击并按住鼠标左键不放，向右下方拖曳鼠标绘制选区；松开鼠标左键，矩形选区绘制完成，如图 3-25 所示。按住 Shift 键，在图像中可以绘制出正方形选区，如图 3-26 所示。

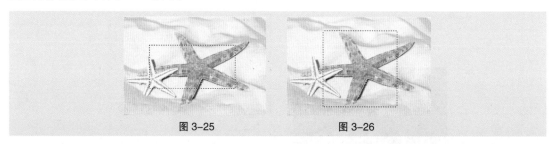

图 3-25　　　　　　　　　图 3-26

在属性栏中的"样式"选项下拉列表中选择"固定比例"，将"宽度"选项设为 1，"高度"选项设为 3，如图 3-27 所示。在图像中绘制固定比例的选区，效果如图 3-28 所示。单击"高度和宽度互换"按钮 ⇄，可以快速将宽度和高度的数值互相置换，互换后绘制的选区效果如图 3-29 所示。

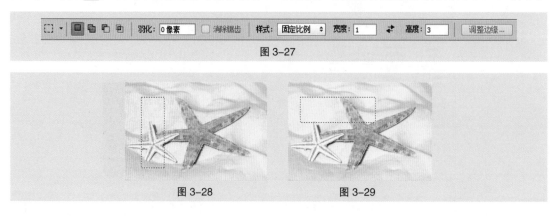

图 3-27

图 3-28　　　　　　　　　图 3-29

在属性栏中的"样式"选项下拉列表中选择"固定大小"，在"宽度"和"高度"选项中输入数值，如图 3-30 所示。绘制固定大小的选区，效果如图 3-31 所示。单击"高度和宽度互换"按钮 ⇄，可以快速地将宽度和高度的数值互相置换，互换后绘制的选区效果如图 3-32 所示。

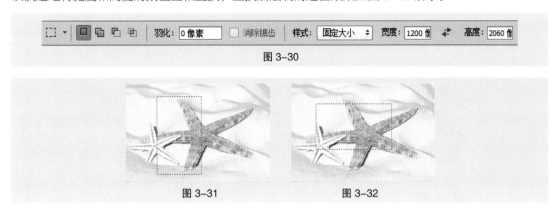

图 3-30

图 3-31          图 3-32

### 3.1.4　"椭圆选框"工具

选择"椭圆选框"工具 ⬭，在图像中适当的位置单击并按住鼠标左键，拖曳鼠标绘制出需要的选区，松开鼠标左键，椭圆选区绘制完成，如图 3-33 所示。按住 Shift 键，在图像中可以绘制出圆形选区，如图 3-34 所示。

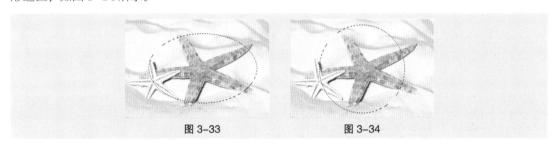

图 3-33          图 3-34

"椭圆选框"工具和"矩形选框"工具的属性栏相同，这里不再赘述。

### 3.1.5　"套索"工具

选择"套索"工具 ⬭，或反复按 Shift+L 组合键，在图像中适当的位置单击并按住鼠标左键不放，拖曳鼠标在图像上进行绘制，如图 3-35 所示，松开鼠标左键，选择区域自动封闭生成选区，效果如图 3-36 所示。

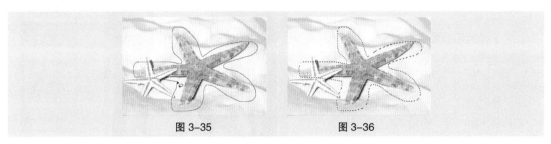

图 3-35          图 3-36

### 3.1.6 "多边形套索"工具

选择"多边形套索"工具 ，在图像中单击设置所选区域的起点，接着单击设置选择区域的其他点，效果如图 3-37 所示。将鼠标光标移回到起点，"多边形套索"工具显示为 图标，如图 3-38 所示。单击即可封闭选区，效果如图 3-39 所示。

图 3-37          图 3-38          图 3-39

### 3.1.7 "磁性套索"工具

选择"磁性套索"工具 ，其属性栏状态如图 3-40 所示。

图 3-40

宽度：用于设定套索检测范围，"磁性套索"工具将在这个范围内选取反差最大的边缘。对比度：用于设定选取边缘的灵敏度，数值越大，要求边缘与背景的反差越大。频率：用于设定选区点的速率，数值越大，标记速率越快，标记点越多。 ：用于设定专用绘图板的笔刷压力。

## 3.2 绘画工具组

### 3.2.1 课堂案例——制作森林剪影

【案例学习目标】学习使用"填充"工具绘制背景，使用绘图工具和"擦除"工具绘制纹理。

【案例知识要点】使用"移动"工具和图层样式制作树图像，使用"拷贝图层样式"命令和"粘贴图层样式"命令制作森林和鹿图像，使用图层蒙版和"画笔"工具制作山图像，使用"画笔"工具、"画笔"控制面板和"橡皮擦"工具绘制装饰纹理，效果如图 3-41 所示。

图 3-41

扫码观看本案例视频

扫码观看扩展案例

（1）按 Ctrl+N 组合键，新建一个文件，宽度为 10 cm，高度为 10 cm，分辨率为 150 像素 / 英寸，背景内容为白色，新建文档。将前景色设为浅黄色（250、246、225）。按 Alt+Delete 组合键，用前景色填充"背景"图层，如图 3-42 所示。

（2）按 Ctrl + O 组合键，打开素材 01 文件。选择"移动"工具 ，将 01 图像拖曳到新建的图像窗口中适当的位置，如图 3-43 所示，在"图层"控制面板中生成新的图层并将其命名为"树"。

（3）单击"图层"控制面板下方的"添加图层样式"按钮 ，在弹出的菜单中选择"渐变叠加"命令，弹出对话框，单击"渐变"选项右侧的"点按可编辑渐变"按钮 ，弹出"渐变编辑器"对话框，将渐变颜色设为从蓝黑色（29、24、58）到暗紫色（83、71、104），如图 3-44 所示，单击"确定"按钮。返回"渐变叠加"对话框，单击"确定"按钮，图像效果如图 3-45 所示。

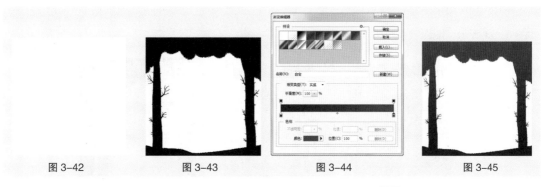

图 3-42　　　　　　　图 3-43　　　　　　　图 3-44　　　　　　　图 3-45

（4）按 Ctrl + O 组合键，打开素材 02 文件。选择"移动"工具 ，将 02 图像拖曳到新建的图像窗口中适当的位置，如图 3-46 所示，在"图层"控制面板中生成新的图层并将其命名为"树 2"。

（5）单击"图层"控制面板下方的"添加图层样式"按钮 ，在弹出的菜单中选择"渐变叠加"命令，弹出对话框，单击"渐变"选项右侧的"点按可编辑渐变"按钮 ，弹出"渐变编辑器"对话框，将渐变颜色设为从暗紫色（83、71、104）到蓝灰色（125、119、138），如图 3-47 所示，单击"确定"按钮。返回"渐变叠加"对话框，单击"确定"按钮，图像效果如图 3-48 所示。

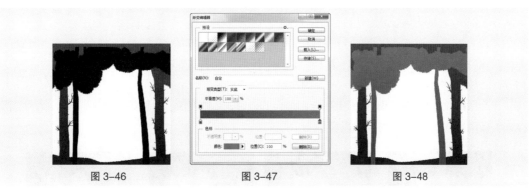

图 3-46　　　　　　　图 3-47　　　　　　　图 3-48

（6）按 Ctrl + O 组合键，打开素材 03 文件。选择"移动"工具 ，将 03 图像拖曳到新建的图像窗口中适当的位置，如图 3-49 所示，在"图层"控制面板中生成新的图层并将其命名为"树 3"。

（7）单击"图层"控制面板下方的"添加图层样式"按钮 ，在弹出的菜单中选择"渐变叠加"命令，弹出对话框，单击"渐变"选项右侧的"点按可编辑渐变"按钮 ，弹出"渐变编辑器"对话框，将渐变颜色设为从蓝灰色（125、119、138）到灰色（174、171、177），如图 3-50 所示，单击"确定"按钮。返回"渐变叠加"对话框，单击"确定"按钮，图像效果如图 3-51 所示。

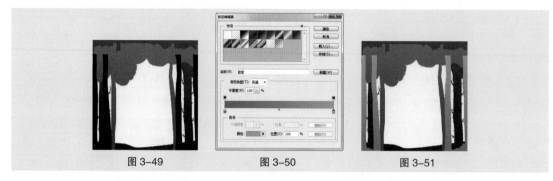

图 3-49　　　　　　　　　　　图 3-50　　　　　　　　　　　图 3-51

（8）在"图层"控制面板中，按住 Shift 键的同时，将"树 2"图层和"树 3"图层同时选取，并拖曳到"树"图层的下方，如图 3-52 所示。选择"树 3"图层，并将其拖曳到"树 2"图层的下方，如图 3-53 所示，图像效果如图 3-54 所示。

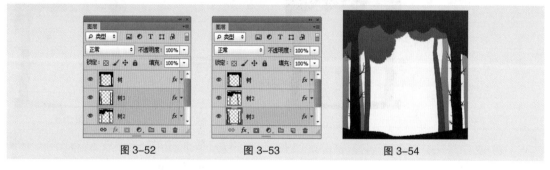

图 3-52　　　　　　　　　　　图 3-53　　　　　　　　　　　图 3-54

（9）选择"树"图层。按 Ctrl + O 组合键，打开素材 04 文件。选择"移动"工具，将 04 图像拖曳到新建的图像窗口中适当的位置，如图 3-55 所示，在"图层"控制面板中生成新的图层并将其命名为"鹿"。

（10）在"树"图层上单击鼠标右键，在弹出的菜单中选择"拷贝图层样式"命令，拷贝图层样式。在"鹿"图层上单击鼠标右键，在弹出的菜单中选择"粘贴图层样式"命令，粘贴图层样式，图像效果如图 3-56 所示。

（11）按 Ctrl + O 组合键，打开素材 05 文件。选择"移动"工具，将 05 图像拖曳到新建的图像窗口中适当的位置，如图 3-57 所示，在"图层"控制面板中生成新的图层并将其命名为"森林"。

（12）按住 Alt 键的同时，拖曳图像到适当的位置，复制图像，效果如图 3-58 所示，在"图层"控制面板中生成新的图层"森林 副本"。

图 3-55　　　　　　图 3-56　　　　　　图 3-57　　　　　　图 3-58

（13）在"树 2"图层上单击鼠标右键，在弹出的菜单中选择"拷贝图层样式"命令，拷贝图层样式。在"森林"图层上单击鼠标右键，在弹出的菜单中选择"粘贴图层样式"命令，粘贴图层样式，图像效果如图 3-59 所示。

（14）在"树 3"图层上单击鼠标右键，在弹出的菜单中选择"拷贝图层样式"命令，拷贝图层样式。在"森林 副本"图层上单击鼠标右键，在弹出的菜单中选择"粘贴图层样式"命令，粘贴图层样式，图像效果如图 3-60 所示。

图 3-59　　　　　　　图 3-60

（15）在"图层"控制面板中，按住 Shift 键的同时，将"森林"图层和"森林 副本"图层同时选取，并拖曳到"树 3"图层的下方，如图 3-61 所示。选择"森林 副本"图层，并将其拖曳到"森林"图层的下方，如图 3-62 所示，图像效果如图 3-63 所示。

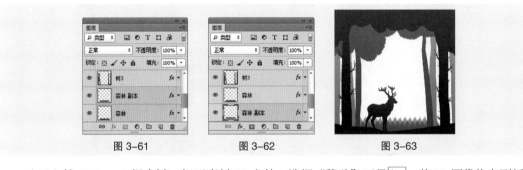

图 3-61　　　　　　　图 3-62　　　　　　　图 3-63

（16）按 Ctrl + O 组合键，打开素材 06 文件。选择"移动"工具 <sub></sub>，将 06 图像拖曳到新建的图像窗口中适当的位置，如图 3-64 所示，在"图层"控制面板中生成新的图层并将其命名为"山"。

（17）在"图层"控制面板上方，将"山"图层的"不透明度"选项设为 59%，如图 3-65 所示，按 Enter 键确定操作，效果如图 3-66 所示。

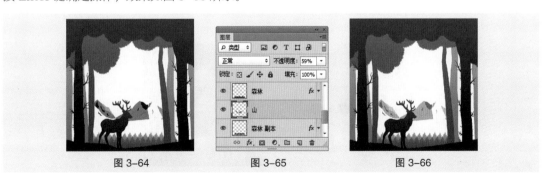

图 3-64　　　　　　　图 3-65　　　　　　　图 3-66

（18）单击"图层"控制面板下方的"添加图层蒙版"按钮 ，为图层添加蒙版，如图 3-67 所示。将前景色设为黑色。选择"画笔"工具 ，在属性栏中单击"画笔"选项右侧的按钮 ，弹出画笔选择面板，选择需要的画笔形状，设置如图 3-68 所示。在图像窗口中擦除不需要的图像，效果如图 3-69 所示。

（19）按 Ctrl + O 组合键，打开素材 07 文件。选择"移动"工具 ，将 07 图像拖曳到新建的图像窗口中适当的位置，如图 3-70 所示，在"图层"控制面板中生成新的图层并将其命名为"文字"。

图 3-67　　　　　　图 3-68　　　　　　图 3-69　　　　　　图 3-70

（20）新建图层并将其命名为"纹理"。选择"画笔"工具 ，在属性栏中单击"切换画笔面板"按钮 ，弹出"画笔"控制面板，设置如图 3-71 所示；选择"散布"选项，切换到相应的面板，设置如图 3-72 所示。在图像窗口中拖曳鼠标绘制纹理，效果如图 3-73 所示。

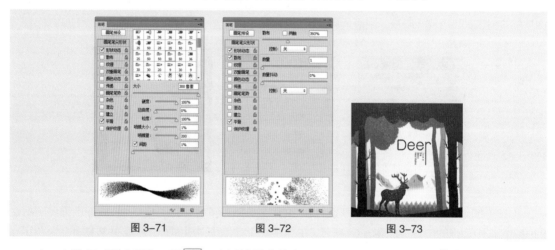

图 3-71　　　　　　图 3-72　　　　　　图 3-73

（21）选择"橡皮擦"工具 ，在属性栏中单击"画笔"选项右侧的按钮 ，在弹出的画笔选择面板中选择需要的画笔形状，设置如图 3-74 所示，在属性栏中将"不透明度""流量"选项均设为 50%，在图像中拖曳鼠标擦除不需要的图像，效果如图 3-75 所示。森林剪影制作完成。

图 3-74　　　　　　　　图 3-75

## 3.2.2　"画笔"工具

"画笔"工具可以模拟真实画笔在图像或选区中进行绘制。

选择"画笔"工具 ，或反复按 Shift+B 组合键，其属性栏状态如图 3-76 所示。

图 3-76

![图标] 用于选择预设的画笔。模式：用于选择绘画颜色与下面现有像素的混合模式。不透明度：可以设定画笔颜色的不透明度。流量：用于设定喷笔压力，压力越大，喷色越浓。启用喷枪模式![图标]：可以启用喷枪功能。绘图板压力控制大小![图标]：使用压感笔压力可以覆盖"画笔"面板中的"不透明度"和"大小"的设置。

选择"画笔"工具![图标]，在属性栏中设置画笔，如图 3-77 所示。在图像中单击并按住鼠标左键不放，拖曳鼠标可以绘制出图 3-78 所示的效果。

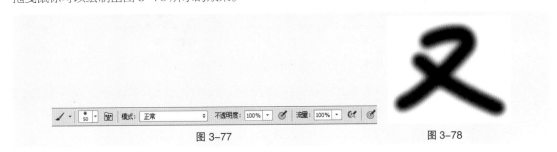

图 3-77                                                          图 3-78

在属性栏中单击"画笔"选项右侧的按钮·，弹出图 3-79 所示的画笔选择面板，在面板中可以选择画笔形状。拖曳"大小"选项下方的滑块或直接输入数值，可以设置画笔的大小。如果选择的画笔是基于样本的，将显示"恢复到原始大小"按钮![图标]，单击此按钮，可以使画笔的大小恢复到初始的大小。

单击面板右上方的按钮![图标]，在弹出的下拉菜单中选择"描边缩览图"命令，如图 3-80 所示，面板的显示效果如图 3-81 所示。

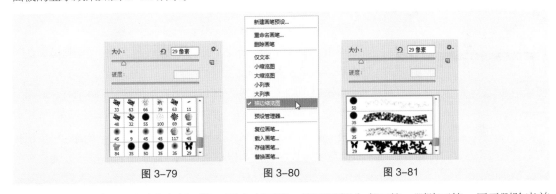

图 3-79              图 3-80              图 3-81

新建画笔预设：用于建立新画笔。重命名画笔：用于重新命名画笔。删除画笔：用于删除当前选中的画笔。仅文本：以文字描述方式显示画笔选择面板。小 / 大缩览图：以小 / 大图标方式显示画笔选择面板。小 / 大列表：以小 / 大文字和图标列表方式显示画笔选择面板。描边缩览图：以笔划的方式显示画笔选择面板。预设管理器：用于在弹出的预设管理器对话框中编辑画笔。复位画笔：用于恢复默认状态的画笔。载入画笔：用于将存储的画笔载入面板。存储画笔：用于将当前的画笔进行存储。替换画笔：用于载入新画笔并替换当前画笔。

在面板中单击"从此画笔创建新的预设"按钮![图标]，弹出图 3-82 所示的"画笔名称"对话框，可以创建新的预设。单击"画笔"工具属性栏中的"切换画笔面板"按钮![图标]，弹出图 3-83 所示的"画笔"控制面板，可以设置画笔。

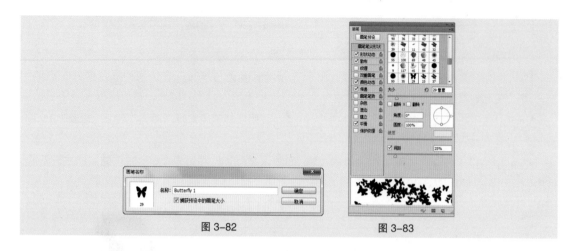

图 3-82　　　　　　　　　　　　　　图 3-83

### 3.2.3 "渐变"工具

"渐变"工具用于在图像或图层中形成一种色彩渐变的图像效果。

选择"渐变"工具 ，或反复按 Shift+G 组合键，其属性栏状态如图 3-84 所示。

图 3-84

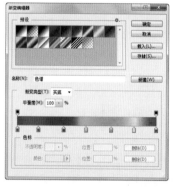

图 3-85

：用于选择和编辑渐变的色彩。 ：用于选择渐变类型，从左到右依次为线性渐变、径向渐变、角度渐变、对称渐变和菱形渐变。模式：用于选择着色的模式。不透明度：用于设定不透明度。反向：用于反向产生色彩渐变的效果。仿色：用于使渐变更平滑。透明区域：用于产生不透明度。

单击"点按可编辑渐变"按钮 ，弹出"渐变编辑器"对话框，如图 3-85 所示。

单击颜色编辑框下方，可以增加颜色色标，如图 3-86 所示。在"颜色"选项中选择颜色，或双击色标，弹出"拾色器（色标颜色）"对话框，如图 3-87 所示，选择适合的颜色，单击"确定"按钮，

即可改变颜色。在"位置"选项的数值框中输入数值或用鼠标直接拖曳颜色色标，都可以调整颜色的位置。

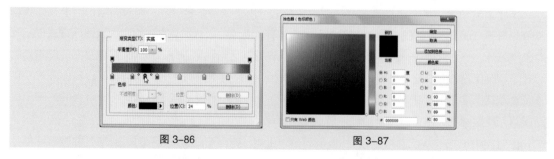

图 3-86　　　　　　　　　　　　　　图 3-87

任意选择一个颜色色标，如图 3-88 所示，单击对话框下方的 删除(D) 按钮，或按 Delete 键，可以将颜色色标删除，如图 3-89 所示。

图 3-88　　　　　　　　　　　　　图 3-89

单击颜色编辑框左上方的黑色色标，如图 3-90 所示，调整"不透明度"选项的数值，如图 3-91 所示，可以使开始颜色到结束颜色显示为半透明效果。

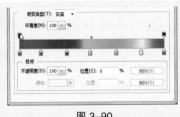

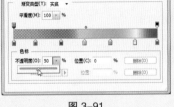

图 3-90　　　　　　　　　　　　　图 3-91

单击颜色编辑框的上方，出现新的色标，如图 3-92 所示，调整"不透明度"选项的数值，如图 3-93 所示，可以使新色标的颜色向两侧的颜色出现过渡式的半透明效果。

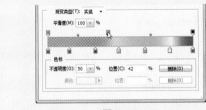

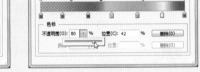

图 3-92　　　　　　　　　　　　　图 3-93

# 3.3　文字工具组

## 3.3.1　课堂案例——制作文字海报

【案例学习目标】学习使用"文字"工具和"字符"控制面板制作海报。

【案例知识要点】使用"直排文字"工具和"横排文字"工具输入需要的文字，使用"字符"控制面板编辑文字，效果如图 3-94 所示。

图 3-94

扫码观看
本案例视频

扫码观看
扩展案例

（1）按 Ctrl+O 组合键，打开素材 01 文件，如图 3-95 所示。将前景色设为玫红色（250、70、89）。选择"直排文字"工具 ⊺ᵀ，在适当的位置单击插入光标，输入需要的文字并选取文字，在属性栏中选择合适的字体并设置大小，效果如图 3-96 所示，在"图层"控制面板中生成新的文字图层。

（2）选取文字"遇"，如图 3-97 所示。按 Ctrl+T 组合键，弹出"字符"控制面板，将"设置字体大小"选项设置为 154.5 点，"设置所选字符的字距调整"选项设置为 −55，如图 3-98 所示，按 Enter 键确定操作，效果如图 3-99 所示。

图 3-95　　　　图 3-96　　　　图 3-97　　　　图 3-98　　　　图 3-99

（3）选取文字"见"，如图 3-100 所示。在"字符"控制面板中，将"设置字体大小"选项设置为 93 点，"设置所选字符的字距调整"选项设置为 −540，"垂直缩放"选项设置为 96%，"设置基线偏移"选项设置为 −69.9 点，如图 3-101 所示，按 Enter 键确定操作，效果如图 3-102 所示。用相同的方法制作其他文字，效果如图 3-103 所示。

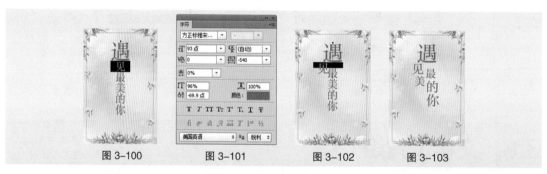

图 3-100　　　　图 3-101　　　　图 3-102　　　　图 3-103

（4）选择"横排文字"工具 ⊤，在适当的位置单击插入光标，输入需要的文字并选取文字，在属性栏中选择合适的字体并设置大小，效果如图 3-104 所示，在"图层"控制面板中生成新的文字图层。

（5）在"字符"控制面板中，将"设置所选字符的字距调整"选项设置为 1440，"设置基线偏移"选项设置为 −19.9 点，如图 3-105 所示，按 Enter 键确定操作，效果如图 3-106 所示。

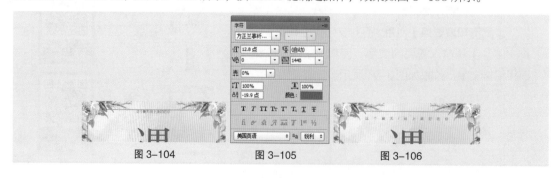

图 3-104　　　　图 3-105　　　　图 3-106

（6）新建图层组。将前景色设为暗绿色（107、118、83）。选择"矩形"工具 ▣，在属性栏的"选择工具模式"选项中选择"形状"，在图像窗口中绘制矩形，如图 3-107 所示。

（7）将前景色设为粉红色（254、149、160）。选择"直线"工具 ╱，在属性栏的"选择工具模式"选项中选择"形状"，将"粗细"选项设置为 4 像素，在图像窗口中绘制斜线，如图 3-108 所示。用相同的方法绘制其他斜线，效果如图 3-109 所示。

（8）将前景色设为白色。选择"直排文字"工具 ↓T，在适当的位置单击插入光标，输入需要的文字并选取文字，在属性栏中选择合适的字体并设置大小，效果如图 3-110 所示，在"图层"控制面板中生成新的文字图层。

（9）选取文字"你好"。在"字符"控制面板中，将"设置所选字符的字距调整"选项设置为60，如图 3-111 所示，按 Enter 键确定操作，效果如图 3-112 所示。

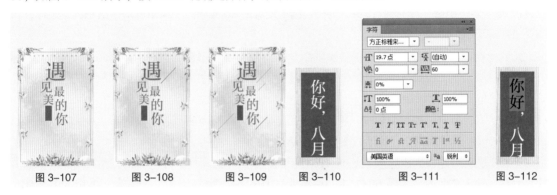

图 3-107　　　　图 3-108　　　　图 3-109　　　　图 3-110　　　　图 3-111　　　　图 3-112

（10）选取文字"八月"。在"字符"控制面板中，将"设置所选字符的字距调整"选项设置为 20，如图 3-113 所示，按 Enter 键确定操作，效果如图 3-114 所示。

（11）选取文字"，"。在"字符"控制面板中，将"设置所选字符的字距调整"选项设置为 -460，"设置基线偏移"选项设置为 -5 点，如图 3-115 所示，按 Enter 键确定操作，效果如图 3-116 所示。

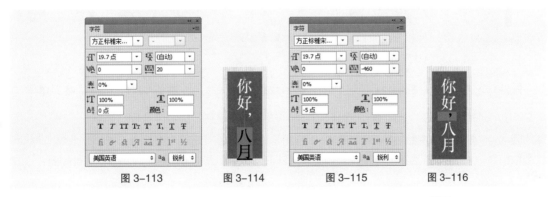

图 3-113　　　　　图 3-114　　　　　图 3-115　　　　　图 3-116

（12）将前景色设为浅粉色（255、154、168）。选择"横排文字"工具 T，在适当的位置单击插入光标，输入需要的文字并选取文字，在属性栏中选择合适的字体并设置大小，效果如图 3-117 所示，在"图层"控制面板中生成新的文字图层。在"字符"控制面板中，将"设置行距"选项设置为 14 点，如图 3-118 所示，按 Enter 键确定操作，效果如图 3-119 所示。

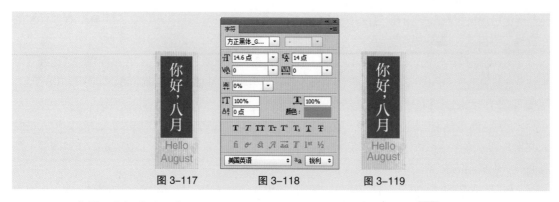

图 3-117　　　　　图 3-118　　　　　图 3-119

（13）将前景色设为玫红色（250、70、89）。选择"圆角矩形"工具 ⬛，在属性栏的"选择工具模式"选项中选择"形状"，将"半径"选项设置为 40 像素，在图像窗口中绘制圆角矩形，如图 3-120 所示。

（14）将前景色设为白色。选择"横排文字"工具 T，在适当的位置单击插入光标，输入需要的文字并选取文字，在属性栏中选择合适的字体并设置大小，效果如图 3-121 所示，在"图层"控制面板中生成新的文字图层。

（15）在"字符"控制面板中，将"设置所选字符的字距调整"选项设置为 200，如图 3-122 所示，按 Enter 键确定操作，效果如图 3-123 所示。

（16）将前景色设为玫红色（250、70、89）。选择"横排文字"工具 T，在适当的位置单击插入光标，输入需要的文字并选取文字，在属性栏中选择合适的字体并设置大小，效果如图 3-124 所示，在"图层"控制面板中生成新的文字图层。

图 3-120　　　　　图 3-121　　　　　图 3-122　　　　　图 3-123　　　　　图 3-124

（17）选择"椭圆"工具 ⬤，在属性栏的"选择工具模式"选项中选择"形状"，按住 Shift 键的同时，在图像窗口中绘制圆形，如图 3-125 所示。选择"路径选择"工具 ▶，按住 Alt 键的同时，在图像窗口中拖曳圆形，复制圆形，效果如图 3-126 所示。用相同的方法再绘制圆形，效果如图 3-127 所示。

（18）将前景色设为白色。选择"横排文字"工具 T，在适当的位置单击插入光标，输入需要的文字并分别选取文字，在属性栏中选择合适的字体并分别设置大小，效果如图 3-128 所示，在"图层"控制面板中生成新的文字图层。

（19）选取需要的文字，在属性栏中将"设置文本颜色"选项设置为玫红色（250、70、89），填充文字，效果如图 3-129 所示。文字海报制作完成，效果如图 3-130 所示。

图 3-125    图 3-126    图 3-127    图 3-128    图 3-129    图 3-130

### 3.3.2 "横排文字"工具

选择"横排文字"工具 T，在图像中输入需要的文字，如图3-131所示。选择"文字 > 取向 > 垂直"命令，将文字从水平方向转换为垂直方向，如图 3-132 所示。

### 3.3.3 "直排文字"工具

选择"直排文字"工具 ↓T，在图像中输入需要的文字，如图3-133所示，选择"文字 > 取向 > 水平"命令，将文字从垂直方向转换为水平方向，如图 3-134 所示。

图 3-131            图 3-132            图 3-133            图 3-134

# 3.4    绘图工具组

## 3.4.1    课堂案例——绘制拉杆箱

【案例学习目标】学习使用不同的绘图工具绘制各种图形，并使用"移动"和"复制"命令调整图形。

【案例知识要点】使用"圆角矩形"工具绘制箱体，使用"矩形"工具和"椭圆"工具绘制拉杆和滑轮，使用"多边形"工具和"自定形状"工具绘制装饰图形，使用"路径选择"工具选取和复制图形，使用"直接选择"工具调整锚点，效果如图3-135 所示。

图 3-135

扫码观看
本案例视频

扫码观看
扩展案例

（1）按 Ctrl + O 组合键，打开素材 01 文件，如图 3-136 所示。选择"圆角矩形"工具 ▣，在属性栏的"选择工具模式"选项中选择"形状"，将"填充"颜色设为橙黄色（246、212、53），"半径"选项设置为 30 像素，在图像窗口中拖曳鼠标绘制圆角矩形，效果如图 3-137 所示，在"图层"控制面板中生成新的形状图层"圆角矩形 1"。

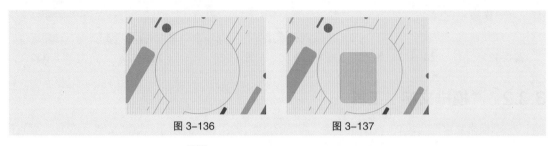

图 3-136　　　　　　　　　　图 3-137

（2）选择"圆角矩形"工具 ▣，在属性栏中将"半径"选项设置为 10 像素，在图像窗口中拖曳鼠标绘制圆角矩形。在属性栏中将"填充"颜色设为灰色（122、120、133），效果如图 3-138 所示，在"图层"控制面板中生成新的形状图层"圆角矩形 2"。

（3）选择"路径选择"工具 ▸，选取新绘制的圆角矩形。按住 Alt+Shift 组合键的同时，水平向右拖曳圆角矩形到适当的位置，复制圆角矩形，效果如图 3-139 所示。按 Alt+Ctrl+G 组合键，创建剪贴蒙版，效果如图 3-140 所示。

（4）选择"圆角矩形"工具 ▣，在属性栏中将"半径"选项设置为 18 像素，在图像窗口中拖曳鼠标绘制圆角矩形。在属性栏中将"填充"颜色设为暗黄色（229、191、44），效果如图 3-141 所示，在"图层"控制面板中生成新的形状图层"圆角矩形 3"。

（5）选择"路径选择"工具 ▸，选取新绘制的圆角矩形。按住 Alt+Shift 组合键的同时，水平向右拖曳圆角矩形到适当的位置，复制圆角矩形，效果如图 3-142 所示。用相同的方法绘制两个圆角矩形，效果如图 3-143 所示。

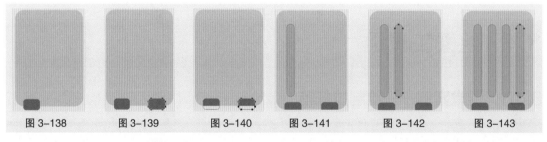

图 3-138　　　图 3-139　　　图 3-140　　　图 3-141　　　图 3-142　　　图 3-143

（6）选择"矩形"工具 ▣，在属性栏的"选择工具模式"选项中选择"形状"，在属性栏中将"填充"颜色设为灰色（122、120、133），在图像窗口中绘制矩形，效果如图 3-144 所示，在"图层"控制面板中生成新的形状图层"矩形 1"。

（7）选择"直接选择"工具 ▸，选取左上角的锚点，如图 3-145 所示，按住 Shift 键的同时，水平向右拖曳锚点到适当的位置，效果如图 3-146 所示。用相同的方法调整右上角的锚点，效果如图 3-147 所示。

（8）选择"矩形"工具 ▣，在图像窗口中绘制矩形，在属性栏中将"填充"颜色设为浅灰色（217、218、222），效果如图 3-148 所示，在"图层"控制面板中生成新的形状图层"矩形 2"。

（9）选择"路径选择"工具 ▸，选取新绘制的矩形。按住 Alt+Shift 组合键的同时，水平向右拖曳矩形到适当的位置，复制矩形，效果如图 3-149 所示。

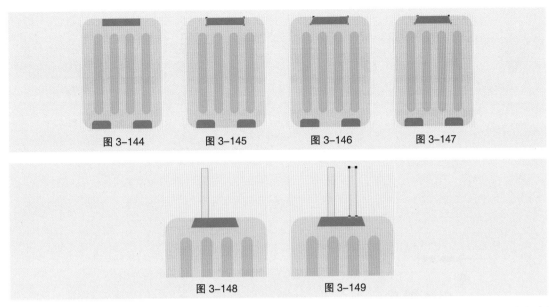

图 3-144　　　　　图 3-145　　　　　图 3-146　　　　　图 3-147

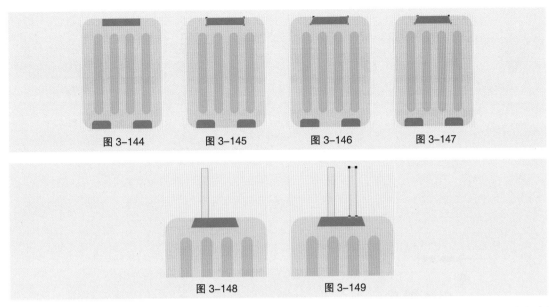

图 3-148　　　　　　　　图 3-149

（10）选择"矩形"工具 ▣，在图像窗口中绘制矩形，在属性栏中将"填充"颜色设为暗灰色（85、84、88），效果如图 3-150 所示，在"图层"控制面板中生成新的形状图层"矩形 3"。

（11）在图像窗口中再次绘制矩形，效果如图 3-151 所示，在"图层"控制面板中生成新的形状图层"矩形 4"。选择"路径选择"工具 ▶，选取新绘制的矩形。按住 Alt+Shift 组合键的同时，水平向右拖曳矩形到适当的位置，复制矩形，效果如图 3-152 所示。

图 3-150　　　　　　　图 3-151　　　　　　　图 3-152

（12）选择"矩形"工具 ▣，在图像窗口中再次绘制矩形，效果如图 3-153 所示，在"图层"控制面板中生成新的形状图层"矩形 5"。选择"路径选择"工具 ▶，选取新绘制的矩形。按住 Alt+Shift 组合键的同时，水平向右拖曳矩形到适当的位置，复制矩形，效果如图 3-154 所示。

图 3-153　　　　　　　图 3-154

（13）选择"椭圆"工具 ●，在属性栏的"选择工具模式"选项中选择"形状"，将"填充"颜色设为深灰色（61、63、70），按住 Shift 键的同时，在图像窗口中绘制圆形，如图 3-155 所示，在"图层"控制面板中生成新的形状图层"椭圆 1"。选择"路径选择"工具 ▶，选取新绘制的圆形。按住 Alt+Shift 组合键的同时，水平向右拖曳圆形，复制圆形，效果如图 3-156 所示。

（14）选择"多边形"工具 ●，在属性栏的"选择工具模式"选项中选择"形状"，将"填充"颜色设为红色（227、93、62），"边"选项设为 6，按住 Shift 键的同时，在图像窗口中绘制多边形，如图 3-157 所示，在"图层"控制面板中生成新的形状图层"多边形 1"。

（15）选择"路径选择"工具 ▶，选取新绘制的多边形。按住 Alt+Shift 组合键的同时，水平向左拖曳多边形，复制多边形，效果如图 3-158 所示。

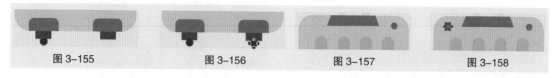

图 3-155　　　　　　图 3-156　　　　　　图 3-157　　　　　　图 3-158

（16）选择"自定形状"工具 ，在属性栏的"选择工具模式"选项中选择"形状"，将"填充"颜色设为红色（227、93、62），单击"形状"选项右侧的按钮 ，弹出形状面板，选择需要的形状，如图 3-159 所示，在图像窗口中绘制形状，效果如图 3-160 所示。

（17）选择"椭圆"工具 ，按住 Shift 键的同时，在图像窗口中绘制圆形。在属性栏中将"填充"颜色设为橙黄色（246、212、53），填充圆形，如图 3-161 所示，在"图层"控制面板中生成新的形状图层"椭圆 2"。

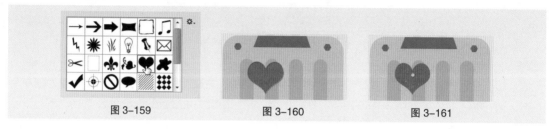

图 3-159　　　　　　　　　图 3-160　　　　　　　　　图 3-161

（18）选择"直线"工具 ，在属性栏的"选择工具模式"选项中选择"形状"，将"填充"颜色设为咖啡色（182、167、145），"粗细"选项设为 5 像素，按住 Shift 键的同时，在图像窗口中绘制直线，效果如图 3-162 所示，在"图层"控制面板中生成新的形状图层"形状 2"。

（19）用相同的方法再次绘制直线，效果如图 3-163 所示，在"图层"控制面板中生成新的形状图层"形状 3"。拉杆箱绘制完成，效果如图 3-164 所示。

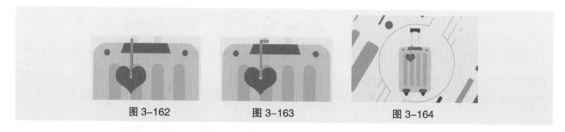

图 3-162　　　　　　　图 3-163　　　　　　　图 3-164

## 3.4.2 "路径选择"工具

"路径选择"工具用于选择一个或几个路径并对其进行移动、组合、对齐、分布和变形。

选择"路径选择"工具 ，或反复按 Shift+A 组合键，其属性栏状态如图 3-165 所示。

图 3-165

## 3.4.3 "直接选择"工具

"直接选择"工具用于移动路径中的锚点或线段，还可以调整手柄和控制点。

路径的原始效果如图 3-166 所示，选择"直接选择"工具 ，拖曳路径中的锚点来改变路径弧度，如图 3-167 所示。

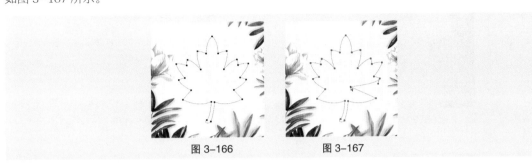

图 3-166　　　　　　　图 3-167

### 3.4.4 "矩形"工具

选择"矩形"工具，或反复按 Shift+U 组合键，其属性栏状态如图 3-168 所示。

图 3-168

形状：用于选择创建路径形状、创建工作路径或填充区域。填充：描边：3点：用于设置矩形的填充色、描边色、描边宽度和描边类型。W: 0像素 H: 0像素：用于设置矩形的宽度和高度。：用于设置路径的组合方式、对齐方式和排列方式。：用于设定所绘制矩形的形状。对齐边缘：用于设定边缘是否对齐。

原始图像效果如图 3-169 所示。在图像中绘制矩形，效果如图 3-170 所示，"图层"控制面板中的效果如图 3-171 所示。

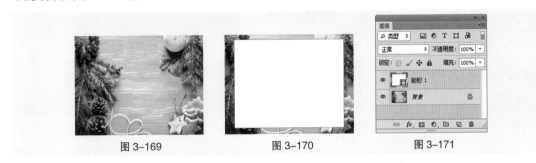

图 3-169　　　　　　图 3-170　　　　　　图 3-171

### 3.4.5 "圆角矩形"工具

选择"圆角矩形"工具，或反复按 Shift+U 组合键，其属性栏状态如图 3-172 所示。其属性栏中的内容与"矩形"工具属性栏的选项内容类似，只增加了"半径"选项，用于设定圆角矩形的平滑程度，数值越大越平滑。

图 3-172

原始图像效果如图 3-173 所示。将半径选项设为 40 像素，在图像中绘制圆角矩形，效果如图 3-174 所示，"图层"控制面板中的效果如图 3-175 所示。

图 3-173　　　　　　　　　　图 3-174　　　　　　　　　　图 3-175

### 3.4.6 "椭圆"工具

选择"椭圆"工具 ，或反复按 Shift+U 组合键，其属性栏状态如图 3-176 所示。

图 3-176

原始图像效果如图 3-177 所示。在图像上绘制椭圆形，效果如图 3-178 所示，"图层"控制面板中的效果如图 3-179 所示。

图 3-177　　　　　　　　　　图 3-178　　　　　　　　　　图 3-179

### 3.4.7 "多边形"工具

选择"多边形"工具 ，或反复按 Shift+U 组合键，其属性栏状态如图 3-180 所示。其属性栏中的内容与"矩形"工具属性栏的选项内容类似，只增加了"边"选项，用于设定多边形的边数。

图 3-180

原始图像效果如图 3-181 所示。单击属性栏中的按钮，在弹出的面板中进行设置，如图 3-182 所示，在图像中绘制多边形，效果如图 3-183 所示，"图层"控制面板中的效果如图 3-184 所示。

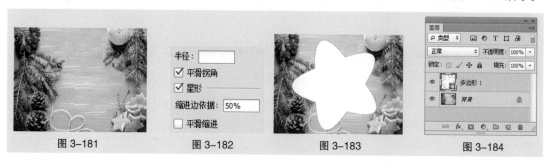

图 3-181　　　　　　　　图 3-182　　　　　　　　图 3-183　　　　　　　　图 3-184

## 3.4.8 "直线"工具

选择"直线"工具 ，或反复按 Shift+U 组合键，其属性栏状态如图 3-185 所示。其属性栏中的内容与"矩形"工具属性栏的选项内容类似，只增加了"粗细"选项，用于设定直线的宽度。

图 3-185

单击属性栏中的按钮 ⚙，弹出"箭头"面板，如图 3-186 所示。起点：用于选择位于线段始端的箭头。终点：用于选择位于线段末端的箭头。宽度：用于设定箭头宽度和线段宽度的比值。长度：用于设定箭头长度和线段长度的比值。凹度：用于设定箭头凹凸的形状。

原始图像效果如图 3-187 所示，在图像中绘制不同效果的直线，如图 3-188 所示，"图层"控制面板中的效果如图 3-189 所示。

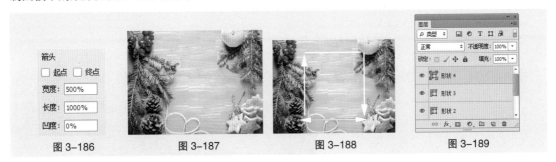

图 3-186　　　　图 3-187　　　　图 3-188　　　　图 3-189

## 3.4.9 "自定形状"工具

选择"自定形状"工具 ，或反复按 Shift+U 组合键，其属性栏状态如图 3-190 所示。其属性栏中的内容与"矩形"工具属性栏的选项内容类似，只增加了"形状"选项，用于选择所需的形状。

图 3-190

单击"形状"选项右侧的按钮 ⬝，弹出图 3-191 所示的形状面板，面板中存储了可供选择的各种不规则形状。

原始图像效果如图 3-192 所示。在图像中绘制形状图形，效果如图 3-193 所示，"图层"控制面板中的效果如图 3-194 所示。

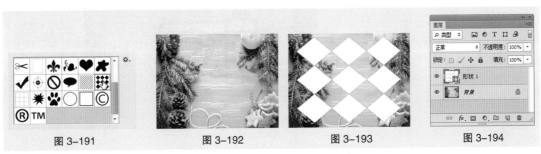

图 3-191　　　　图 3-192　　　　图 3-193　　　　图 3-194

选择"钢笔"工具 ，在图像窗口中绘制并填充路径，效果如图 3-195 所示。选择"编辑 >

定义自定形状"命令，弹出"形状名称"对话框，在"名称"选项的文本框中输入自定形状的名称，如图 3-196 所示；单击"确定"按钮，在"形状"选项的面板中将会显示刚才定义的形状，如图 3-197 所示。

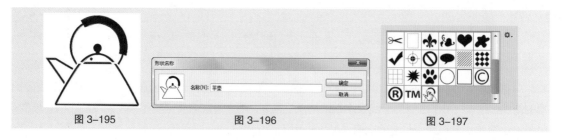

图 3-195          图 3-196                    图 3-197

## 3.5 课堂练习——制作沙漠剪影

【练习知识要点】使用"路径"控制面板和"渐变"工具绘制背景，使用"椭圆选框"工具和"渐变"工具绘制月亮，使用"画笔"工具、"画笔"控制面板和"橡皮擦"工具绘制装饰纹理，效果如图 3-198 所示。

扫码观看本案例视频

图 3-198

## 3.6 课后习题——绘制卡通相机

【习题知识要点】使用"矩形"工具、"直接选择"工具和"复制"命令制作闪光灯，使用"圆角矩形"工具、"变换"命令和"直线"工具绘制机身，使用"椭圆"工具、"自定形状"工具和"多边形"工具绘制镜头，效果如图 3-199 所示。

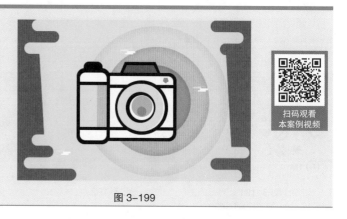

扫码观看本案例视频

图 3-199

# 第 4 章

# 抠图

▶ **本章介绍**

抠图是图像处理中必不可少的步骤，是对图像进行后续处理的准备工作。本章介绍了使用工具和命令抠图的方法和技巧，通过对本章的学习可以更有效地抠取图像，达到事半功倍的效果。

## 学习目标

● 熟练掌握工具抠图的方法

● 掌握命令抠图的技巧

## 技能目标

● 掌握"手机 banner"的制作方法

● 掌握"使用'魔棒'工具更换天空"的方法

● 掌握"使用'钢笔'工具抠出包包"的技巧

● 掌握"装饰画"的制作方法

● 掌握"使用'调整边缘'命令抠出头发"的方法

● 掌握"使用'通道'面板抠出婚纱"的技巧

● 掌握"使用混合颜色带抠出闪电"的方法

慕课视频

抠图

# 4.1 工具抠图

## 4.1.1 课堂案例——制作手机 banner

【案例学习目标】学习使用"快速选择"工具选取图像,并应用"移动"工具移动主体图像。

【案例知识要点】使用"快速选择"工具绘制选区,使用"反选"命令选取图像,使用"移动"工具移动选区中的图像,使用"横排文字"工具添加宣传文字,效果如图 4-1 所示。

图 4-1

(1)按 Ctrl+O 组合键,打开素材 01、02 文件,如图 4-2 所示。选择"快速选择"工具 ,在 02 图像窗口中的背景区域单击并拖曳鼠标,背景周围生成选区,如图 4-3 所示。

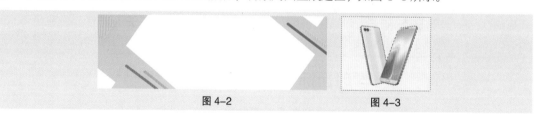

图 4-2                图 4-3

(2)单击属性栏中的"从选区减去"按钮 ,在手机上方多选的区域单击并拖曳鼠标,从选区减去,效果如图 4-4 所示。用相同的方法减去侧面的图像,效果如图 4-5 所示。按 Shift+Ctrl+I 组合键,反选选区,效果如图 4-6 所示。

图 4-4             图 4-5             图 4-6

(3)选择"移动"工具 ,将选区中的图像拖曳到 01 图像窗口中适当的位置,并调整其大小,效果如图 4-7 所示,在"图层"控制面板中生成新的图层并将其命名为"手机"。

图 4-7

（4）将前景色设为黑色。选择"横排文字"工具 $\boxed{\text{T}}$，在适当的位置分别输入需要的文字并选取文字，在属性栏中分别选择合适的字体并设置大小，效果如图 4-8 所示，在"图层"控制面板中分别生成新的文字图层。选取文字"会自拍 更潮美"，在属性栏中将"设置文本颜色"选项设为浅蓝色（150、228、244），填充文字，效果如图 4-9 所示。

图 4-8　　　　　　　　　　　图 4-9

（5）按住 Shift 键的同时，选取"¥4199"和"立即购买"文字图层。在属性栏中将"设置文本颜色"选项设为红色（247、77、103），填充文字，效果如图 4-10 所示。

（6）选择"圆角矩形"工具 $\boxed{\square}$，在属性栏中将"填充"颜色设为无，"描边"颜色设为红色（247、77、103），"半径"选项设为 10 像素，在图像窗口中拖曳鼠标绘制圆角矩形，效果如图 4-11 所示，在"图层"控制面板中生成新的形状图层"圆角矩形 1"。手机 banner 制作完成，效果如图 4-12 所示。

图 4-10　　　　　　　　　图 4-11　　　　　　　　　　　图 4-12

## 4.1.2　"快速选择"工具

"快速选择"工具可以使用调整的圆形画笔笔尖快速绘制选区。

选择"快速选择"工具 $\boxed{\mathscr{J}}$，其属性栏状态如图 4-13 所示。

$\boxed{\mathscr{J}\,\mathscr{J}\,\mathscr{J}}$：为选区选择方式选项。单击"画笔"选项右侧的 按钮，弹出"画笔"面板，如图 4-14 所示，可以设置画笔的大小、硬度、间距、角度和圆度。自动增强：可以调整所绘制选区边缘的粗糙度。

图 4-13　　　　　　　　　　　　　　　图 4-14

### 4.1.3 课堂案例——使用"魔棒"工具更换天空

【案例学习目标】学习使用"魔棒"工具选取颜色相同或相近的区域。

【案例知识要点】使用"魔棒"工具选取背景，使用"亮度/对比度"命令调整图片亮度，使用"移动"工具更换天空，效果如图4-15所示。

扫码观看
本案例视频

扫码观看
扩展案例

图4-15

（1）按Ctrl + O组合键，打开素材01、02文件，如图4-16和图4-17所示。

（2）双击01图像的"背景"图层，在弹出的对话框中进行设置，如图4-18所示，单击"确定"按钮，将"背景"图层转换为普通图层。

图4-16　　　　　　　　图4-17　　　　　　　　图4-18

（3）选择"魔棒"工具，单击属性栏中的"添加到选区"按钮，在图像窗口中的天空区域多次单击，图像周围生成选区，如图4-19所示。按Delete键，将所选区域的图像删除。按Ctrl+D组合键，取消选区，效果如图4-20所示。

图4-19　　　　　　　　　　　　　　图4-20

（4）选择"移动"工具，将02文件拖曳到01图像窗口中，在"图层"控制面板中生成新的图层并将其命名为"天空"。将"天空"图层拖曳到"城市"图层的下方，如图4-21所示，效果如图4-22所示。

（5）选中"城市"图层。选择"图像 > 调整 > 亮度/对比度"命令，在弹出的对话框中进行设置，如图4-23所示，单击"确定"按钮，效果如图4-24所示。使用"魔棒"工具更换天空完成。

图 4-21

图 4-22

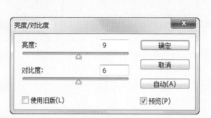

图 4-23

图 4-24

## 4.1.4 "魔棒"工具

"魔棒"工具可以用来选取图像中的某一点，并将与这一点颜色相同或相近的点自动融入选区中。
选择"魔棒"工具，或按 W 键，其属性栏状态如图 4-25 所示。

图 4-25

取样大小：用于设置取样范围的大小。容差：用于控制色彩的范围，数值越大，可容许的颜色
范围越大。消除锯齿：用于清除选区边缘的锯齿。连续：用于选择单独的色彩范围。对所有图层取样：
用于将所有可见图层中颜色容许范围内的色彩加入选区。

选择"魔棒"工具，在图像中单击需要选择的颜色区域，生成选区，如图 4-26 所示。调整
属性栏中的容差值，再次单击需要选择的区域，生成不同的选区，效果如图 4-27 所示。

图 4-26

图 4-27

## 4.1.5 课堂案例——使用"钢笔"工具抠出包包

【案例学习目标】学习使用不同的绘制工具绘制并调整路径。

【案例知识要点】使用"钢笔"工具和"添加锚点"工具绘制路径，应用选区和路径的转换命令进行转换，使用"横排文字"工具添加文字，使用"矩形"工具绘制装饰矩形，效果如图4-28所示。

图 4-28

（1）按Ctrl + O组合键，打开素材01、02文件，如图4-29和图4-30所示。选择"钢笔"工具 ，在属性栏的"选择工具模式"选项中选择"路径"，在图像窗口中沿着实物轮廓绘制路径，如图4-31所示。

图 4-29　　　　　　图 4-30　　　　　　图 4-31

（2）按住Ctrl键的同时，"钢笔"工具 转换为"直接选择"工具 ，如图4-32所示。拖曳路径中的锚点来改变路径的弧度，如图4-33所示。

（3）将鼠标光标移动到路径上，"钢笔"工具 转换为"添加锚点"工具 ，如图4-34所示，在路径上单击添加锚点，如图4-35所示。按住Ctrl键的同时，"钢笔"工具 转换为"直接选择"工具 ，拖曳路径中的锚点来改变路径的弧度，如图4-36所示。

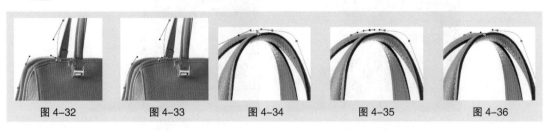

图 4-32　　　　图 4-33　　　　图 4-34　　　　图 4-35　　　　图 4-36

（4）用相同的方法调整路径，效果如图4-37所示。单击属性栏中的"路径操作"按钮 ，在弹出的面板中选择"减去顶层形状"，绘制路径，如图4-38所示。按Ctrl+Enter组合键，将路径转换为选区，如图 4-39 所示。

图 4-37        图 4-38        图 4-39

（5）选择"移动"工具 ，将选区中的图像拖曳到新建文件中，如图 4-40 所示，在"图层"控制面板中生成新的图层并将其命名为"包包"。按 Ctrl+T 组合键，在图像周围出现变换框，拖曳鼠标调整图像的大小和位置，按 Enter 键确定操作，效果如图 4-41 所示。

图 4-40        图 4-41

（6）单击"图层"控制面板下方的"添加图层样式"按钮 fx.，在弹出的菜单中选择"投影"命令，在弹出的对话框中进行设置，如图 4-42 所示，单击"确定"按钮，效果如图 4-43 所示。

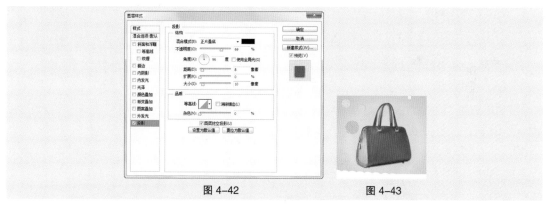

图 4-42        图 4-43

（7）选择"图像 > 调整 > 色彩平衡"命令，在弹出的对话框中进行设置，如图 4-44 所示，单击"确定"按钮，效果如图 4-45 所示。

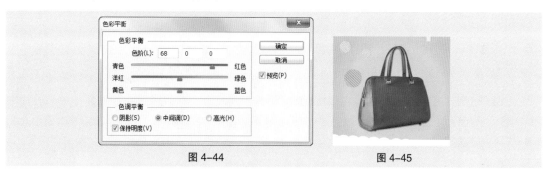

图 4-44        图 4-45

（8）将前景色设为白色。选择"横排文字"工具 $\boxed{T}$ ，在适当的位置分别输入需要的文字并选取文字，在属性栏中选择合适的字体并设置大小，效果如图 4-46 所示，在"图层"控制面板中分别生成新的文字图层。

（9）选取文字"SALE"，在属性栏中将"设置文本颜色"选项设为黄色（255、255、0），填充文字，效果如图 4-47 所示。

图 4-46 图 4-47

（10）选择"释放时尚……"文字。按 Ctrl+T 组合键，弹出"字符"面板，将"设置所选字符的字距调整"选项设置为 −20，如图 4-48 所示，按 Enter 键确定操作，效果如图 4-49 所示。用相同的方法制作"全场低至……"文字，效果如图 4-50 所示。

图 4-48 图 4-49 图 4-50

（11）选择"SALE"文字。在"字符"面板中将"设置所选字符的字距调整"选项设置为 −80，如图 4-51 所示，按 Enter 键确定操作，效果如图 4-52 所示。

图 4-51 图 4-52

（12）选择"矩形"工具 $\boxed{■}$ ，在属性栏的"选择工具模式"选项中选择"形状"，在属性栏中将"填充"颜色设为无，"描边"颜色设为白色，在图像窗口中绘制矩形，效果如图 4-53 所示，在"图层"控制面板中生成新的形状图层"矩形 1"。使用"钢笔"工具抠出包包完成，效果如图 4-54 所示。

图 4-53　　　　　　　　　　　　　　　　图 4-54

## 4.1.6 "钢笔"工具

选择"钢笔"工具，或反复按 Shift+P 组合键，其属性栏状态如图 4-55 所示。

图 4-55

按住 Shift 键创建锚点时，将强迫系统以 45° 或 45° 的倍数绘制路径。按住 Alt 键，当"钢笔"工具移到锚点上时，暂时将"钢笔"工具转换为"转换点"工具。按住 Ctrl 键时，暂时将"钢笔"工具转换成"直接选择"工具。

选择"钢笔"工具，在图像中任意位置单击，创建 1 个锚点，将鼠标指针移动到其他位置再次单击，创建第 2 个锚点，两个锚点之间自动以直线进行连接，如图 4-56 所示。再将鼠标指针移动到其他位置单击，创建第 3 个锚点，而系统将在第 2 个和第 3 个锚点之间生成一条新的直线路径，如图 4-57 所示。将鼠标指针移至第 2 个锚点上，鼠标光标暂时转换成"删除锚点"工具，如图 4-58 所示，在锚点上单击，即可将第 2 个锚点删除，如图 4-59 所示。

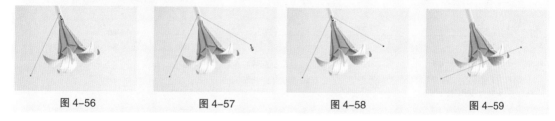

图 4-56　　　　　　图 4-57　　　　　　图 4-58　　　　　　图 4-59

选择"钢笔"工具，单击建立新的锚点并按住鼠标左键不放，拖曳鼠标，建立曲线段和曲线锚点，如图 4-60 所示。释放鼠标左键，按住 Alt 键的同时，用"钢笔"工具单击刚建立的曲线锚点，如图 4-61 所示，将其转换为直线锚点，在其他位置再次单击建立下一个新的锚点，可在曲线段后绘制出直线段，如图 4-62 所示。

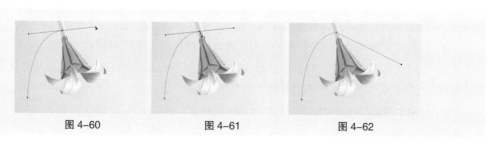

图 4-60　　　　　　　图 4-61　　　　　　　图 4-62

## 4.2 命令抠图

### 4.2.1 课堂案例——制作装饰画

【案例学习目标】学习使用"色彩范围"命令制作装饰画剪影。

【案例知识要点】使用图层样式制作图案底图，使用"矩形"工具和"创建剪贴蒙版"命令制作装饰画，使用"色彩范围"命令抠出剪影，效果如图4-63所示。

扫码观看
本案例视频

扫码观看
扩展案例

图 4-63

（1）按Ctrl+N组合键，新建一个文件，宽度为15 cm，高度为15 cm，分辨率为150像素/英寸，背景内容为白色，新建文档。

（2）双击"背景"图层，弹出对话框，如图4-64所示，单击"确定"按钮。在"图层"控制面板中，将"背景"图层转换为普通图层，如图4-65所示。

图 4-64

图 4-65

（3）单击"图层"控制面板下方的"添加图层样式"按钮 **fx.**，在弹出的菜单中选择"图案叠加"命令，弹出对话框，单击"图案"选项右侧的按钮，弹出图案面板，单击右上方的按钮，在弹出的菜单中选择"彩色纸"命令，弹出提示对话框，单击"追加"按钮。在面板中选择需要的图案，如图4-66所示，其他选项的设置如图4-67所示。单击"确定"按钮，效果如图4-68所示。

（4）选择"文件 > 置入"命令，弹出"置入"对话框，选择素材01文件，单击"置入"按钮，将图片置入到图像窗口中，并拖曳到适当的位置，按Enter键确定操作，效果如图4-69所示，在"图层"控制面板中生成新的图层并将其命名为"相框"。

（5）单击"图层"控制面板下方的"添加图层样式"按钮 **fx.**，在弹出的菜单中选择"投影"命令，在弹出的对话框中进行设置，如图4-70所示，单击"确定"按钮，效果如图4-71所示。

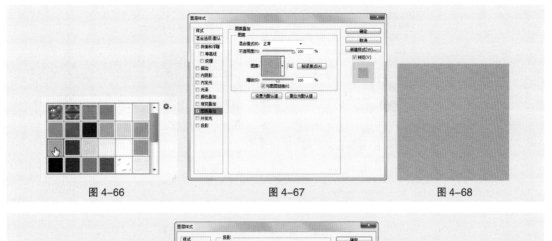

图 4-66　　　　　　　　　　图 4-67　　　　　　　　　　图 4-68

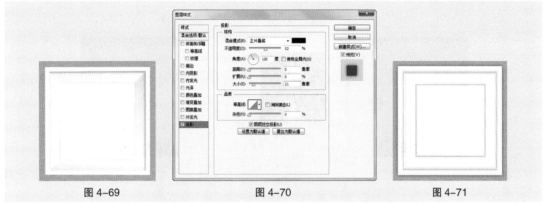

图 4-69　　　　　　　　　　图 4-70　　　　　　　　　　图 4-71

（6）选择"矩形"工具  ，在属性栏的"选择工具模式"选项中选择"形状"，将"填充"颜色设为黑色，在图像窗口中绘制矩形，效果如图 4-72 所示，在"图层"控制面板中生成新的形状图层并将其命名为"矩形 1"。

（7）选择"文件 > 置入"命令，弹出"置入"对话框，选择素材 02 文件，单击"置入"按钮，将图片置入到图像窗口中，并拖曳到适当的位置，按 Enter 键确定操作，效果如图 4-73 所示，在"图层"控制面板中生成新的图层并将其命名为"油彩"。

图 4-72　　　　　　　　　　图 4-73

（8）在"图层"控制面板中，按住 Alt 键的同时，将鼠标光标放在"油彩"图层与"矩形 1"图层的中间，如图 4-74 所示，单击鼠标左键，为图层创建剪贴蒙版，效果如图 4-75 所示。

（9）按 Ctrl + O 组合键，打开素材 03 文件，如图 4-76 所示。选择"选择 > 色彩范围"命令，弹出对话框，在预览窗口中适当的位置单击吸取颜色，其他选项的设置如图 4-77 所示。单击"确定"按钮，生成选区，效果如图 4-78 所示。

图 4-74　　　　　　　　　　　　图 4-75

图 4-76　　　　　　　　　　图 4-77　　　　　　　　　　图 4-78

（10）选择"移动"工具 ，将选区中的图像拖曳到新建的图像窗口中，效果如图 4-79 所示，在"图层"控制面板中生成新的图层并将其命名为"剪影"。

（11）在"图层"控制面板中，按住 Alt 键的同时，将鼠标光标放在"剪影"图层与"油彩"图层的中间，如图 4-80 所示，单击鼠标左键，为图层创建剪贴蒙版，效果如图 4-81 所示。装饰画制作完成。

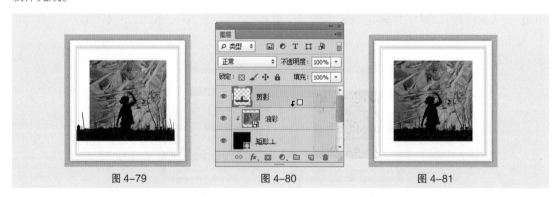

图 4-79　　　　　　　　　　图 4-80　　　　　　　　　　图 4-81

## 4.2.2 "色彩范围"命令

选择"选择 > 色彩范围"命令，弹出"色彩范围"对话框，如图 4-82 所示。可以根据选区内或整个图像中的颜色差异更加精确地创建不规则选区。

选择：可以选择选区的取样方式。检测人脸：勾选此复选框，可以更准确地选择肤色。本地化颜色簇：勾选此复选框，显示最大取样范围。颜色容差：可以调整选定颜色的范围。选区预览：可以选择图像窗口中选区的预览方式。

图 4-82

## 4.2.3 课堂案例——使用"调整边缘"命令抠出头发

【案例学习目标】学习使用"调整边缘"命令抠图。

【案例知识要点】使用"钢笔"工具绘制人物图像选区，使用"调整边缘"命令修饰选区边缘，使用"移动"工具拖曳图片位置，效果如图 4-83 所示。

扫码观看
本案例视频

扫码观看
扩展案例

图 4-83

（1）按 Ctrl + O 组合键，打开素材 01 文件，如图 4-84 所示。选择"钢笔"工具，抠出人物图像，将头发大致抠出即可。按 Ctrl+Enter 组合键，将路径转换为选区，效果如图 4-85 所示。

图 4-84                    图 4-85

（2）选择"选择 > 调整边缘"命令，弹出对话框，单击"视图"选项右侧的按钮，在弹出的面板中选择"叠加"选项，如图 4-86 所示，图像窗口中显示叠加视图模式，如图 4-87 所示。选择"调整半径"工具，在属性栏中将"大小"选项设为 120，在人物图像中涂抹头发边缘，将头发与背景分离，效果如图 4-88 所示。

图 4-86　　　　　　　　图 4-87　　　　　　　　图 4-88

（3）其他选项的设置如图 4-89 所示，单击"输出到"选项右侧的按钮 <kbd>▼</kbd>，在弹出的菜单中选择"新建带有图层蒙版的图层"选项，单击"确定"按钮，在"图层"控制面板中生成蒙版图层，如图 4-90 所示，图像效果如图 4-91 所示。

图 4-89　　　　　　　　图 4-90　　　　　　　　图 4-91

（4）按 Ctrl + O 组合键，打开素材 02 文件，选择"移动"工具 <kbd>▶+</kbd>，将 02 文件拖曳到 01 文件中，调整其大小，如图 4-92 所示，在"图层"控制面板中生成新的图层并将其命名为"底图"。

（5）将"底图"图层拖曳到"背景 副本"图层的下方，如图 4-93 所示，图像效果如图 4-94 所示。选择"编辑 > 变换 > 水平翻转"命令，水平翻转图像，效果如图 4-95 所示。

图 4-92　　　　　　图 4-93　　　　　　图 4-94　　　　　　图 4-95

（6）选择"图像 > 调整 > 色彩平衡"命令，在弹出的对话框中进行设置，如图 4-96 所示，单击"确定"按钮，效果如图 4-97 所示。使用"调整边缘"命令抠出头发完成。

图 4-96 图 4-97

## 4.2.4 "调整边缘"命令

在图像中绘制选区，如图 4-98 所示。选择"选择 > 调整边缘"命令，弹出对话框，如图 4-99 所示。

图 4-98 图 4-99

视图：可以选择选区图像的显示方式。显示半径：可以在发生边缘调整的位置显示选区边框。显示原稿：可以查看原始选区。：可以精确调整选区边缘。智能半径：可以使半径自动适应图像边缘。半径：可以设置调整区域的大小。平滑：可以使选区边缘变平滑。羽化：可以柔化选区边缘。对比度：可以增加选区边缘的对比度。移动边缘：可以收缩或扩展选区。净化颜色 / 数量：设置从图像移去的彩色边数量。输出到：可以选择选区的输出方式。记住设置：可以存储当前的设置。

在对话框中的设置如图 4-100 所示，单击"确定"按钮，图像效果如图 4-101 所示。

图 4-100 图 4-101

## 4.2.5　课堂案例——使用"通道"面板抠出婚纱

【案例学习目标】学习使用"通道"面板抠图。

【案例知识要点】使用"钢笔"工具绘制选区，使用"通道"控制面板和"计算"命令抠出婚纱，使用"横排文字"工具和"字符"面板添加文字，使用"移动"工具调整图像位置，效果如图 4-102 所示。

扫码观看
本案例视频

扫码观看
扩展案例

图 4-102

（1）按 Ctrl+O 组合键，打开素材 01 文件，如图 4-103 所示。

（2）选择"钢笔"工具 ，在属性栏的"选择工具模式"选项中选择"路径"，沿着人物的轮廓绘制路径，绘制时要避开半透明的婚纱，如图 4-104 所示。单击属性栏中的"路径操作"按钮 ，在弹出的面板中选择"减去顶层形状"选项，绘制路径，效果如图 4-105 所示。

图 4-103　　　　　　　图 4-104　　　　　　　图 4-105

（3）选择"路径选择"工具 ，将绘制的路径同时选取。按 Ctrl+Enter 组合键，将路径转换为选区，效果如图 4-106 所示。单击"通道"控制面板下方的"将选区存储为通道"按钮 ，将选区存储为通道，如图 4-107 所示。

图 4-106　　　　　　　　图 4-107

（4）将"红"通道拖曳到控制面板下方的"创建新通道"按钮  上，复制通道，如图 4-108 所示。选择"钢笔"工具 ，在图像窗口中沿着婚纱边缘绘制路径，如图 4-109 所示。按 Ctrl+Enter 组合键，将路径转换为选区，效果如图 4-110 所示。

图 4-108　　　　　图 4-109　　　　　图 4-110

（5）将前景色设为黑色。按 Shift+Ctrl+I 组合键，反选选区。按 Alt+Delete 组合键，用前景色填充选区。取消选区后，效果如图 4-111 所示。选择"图像 > 计算"命令，在弹出的对话框中进行设置，如图 4-112 所示，单击"确定"按钮，得到新的通道图像，效果如图 4-113 所示。

图 4-111　　　　　　　图 4-112　　　　　　　图 4-113

（6）按住 Ctrl 键的同时，单击"Alpha 2"通道的缩览图，如图 4-114 所示，载入婚纱选区，效果如图 4-115 所示。

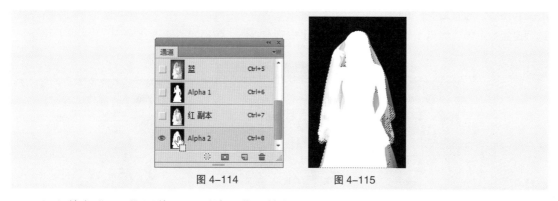

图 4-114　　　　　图 4-115

（7）单击"RGB"通道，显示彩色图像。单击"图层"控制面板下方的"添加图层蒙版"按钮 ，添加图层蒙版，如图 4-116 所示，抠出婚纱图像，效果如图 4-117 所示。

（8）新建图层并将其拖曳到"图层"控制面板的最下方，如图 4-118 所示。选择"图层 > 新建 > 背景图层"命令，将新建的图层转换为"背景"图层，如图 4-119 所示。

图 4-116　　　　　　图 4-117　　　　　　图 4-118　　　　　　图 4-119

（9）选择"渐变"工具，单击属性栏中的"点按可编辑渐变"按钮，弹出"渐变编辑器"对话框，在"位置"选项中分别输入 0、50、100 三个位置点，并分别设置三个位置点颜色的 RGB 值为 0（166、176、186）、50（180、190、200）、100（140、150、162），如图 4-120 所示，单击"确定"按钮。在图像窗口中从上向下拖曳渐变色，效果如图 4-121 所示。

图 4-120　　　　　　　　　　　　图 4-121

（10）将前景色设为白色。选择"横排文字"工具，在适当的位置输入需要的文字并选取文字，在属性栏中选择合适的字体并设置大小，效果如图 4-122 所示，在"图层"控制面板中生成新的文字图层。选取文字。按 Ctrl+T 组合键，弹出"字符"控制面板，将"设置所选字符的字距调整"选项设置为 -15，如图 4-123 所示，按 Enter 键确定操作，效果如图 4-124 所示。

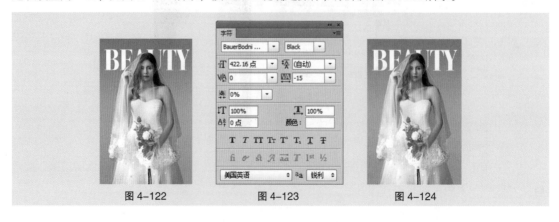

图 4-122　　　　　　图 4-123　　　　　　图 4-124

（11）选择"图层 0"。按 Ctrl+J 组合键，复制图层生成副本图层，如图 4-125 所示。选择"图像 > 调整 > 亮度 / 对比度"命令，在弹出的对话框中进行设置，如图 4-126 所示，单击"确定"按钮，效果如图 4-127 所示。

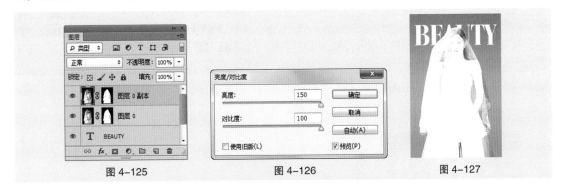

图 4-125      图 4-126      图 4-127

（12）在"图层"控制面板上方，将副本图层的混合模式选项设为"柔光"，如图 4-128 所示，图像效果如图 4-129 所示。按 Ctrl+O 组合键，打开素材 02 文件，选择"移动"工具 ，将 02 图像拖曳到 01 图像窗口中适当的位置，效果如图 4-130 所示，在"图层"控制面板中生成新的图层并将其命名为"文字"。使用"通道"面板抠出婚纱完成。

图 4-128      图 4-129      图 4-130

## 4.2.6　颜色通道

颜色通道记录了图像颜色的信息内容，根据颜色模式的不同，颜色通道的数量也不同。例如，RGB 图像模式默认红、绿、蓝及一个复合通道，如图 4-131 所示；CMYK 图像模式默认青色、洋红、黄色、黑色及一个复合通道，如图 4-132 所示；Lab 图像默认明度、a、b 及一个复合通道，如图 4-133 所示。

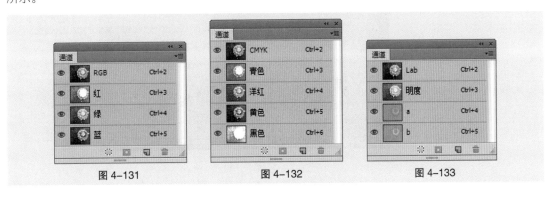

图 4-131      图 4-132      图 4-133

### 4.2.7 专色通道

单击"通道"控制面板右上方的图标 ，弹出其命令菜单，选择"新建专色通道"命令，弹出"新建专色通道"对话框，如图 4-134 所示。

单击"通道"控制面板中新建的专色通道。选择"画笔"工具 ✎，在"画笔"控制面板中进行设置，如图 4-135 所示，在图像中进行绘制，效果如图 4-136 所示，"通道"控制面板中的效果如图 4-137 所示。

图 4-134

图 4-135　　　　　　　　图 4-136　　　　　　　　图 4-137

### 4.2.8 Alpha 通道

Alpha 通道可以记录图像不透明度信息，定义透明、不透明和半透明区域，其中黑表示透明，白表示不透明，灰表示半透明。

### 4.2.9 课堂案例——使用混合颜色带抠出闪电

【案例学习目标】
学习使用混合颜色带抠图。

【案例知识要点】
使用"置入"命令置入图片，使用混合颜色带抠出闪电，效果如图 4-138 所示。

扫码观看
本案例视频

扫码观看
扩展案例

图 4-138

（1）按 Ctrl+O 组合键，打开素材 01 文件，如图 4-139 所示。将"背景"图层拖曳到控制面板下方的"创建新图层"按钮  上，生成新的副本图层，如图 4-140 所示。

图 4-139　　　　　　　　　　　　　图 4-140

（2）选择"减淡"工具 ，在属性栏中单击"画笔"选项右侧的按钮 ，在弹出的面板中选择需要的画笔形状，如图 4-141 所示。在适当的位置多次拖曳鼠标减淡图像，效果如图 4-142 所示。

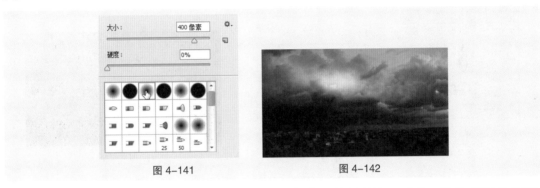

图 4-141　　　　　　　　　　　　　图 4-142

（3）选择"文件 > 置入"命令，弹出"置入"对话框，选择素材 02 文件，单击"置入"按钮，将图片置入到图像窗口中，并拖曳到适当的位置，按 Enter 键确定操作，效果如图 4-143 所示，在"图层"控制面板中生成新的图层并将其命名为"闪电"，如图 4-144 所示。

图 4-143　　　　　　　　　　　　　图 4-144

（4）单击"图层"控制面板下方的"添加图层样式"按钮 ，在弹出的菜单中选择"混合选项"命令，弹出对话框。将混合模式选项设为"明度"，按住 Alt 键的同时，将"本图层"选项左侧的滑块拖曳至右侧，如图 4-145 所示，单击"确定"按钮，效果如图 4-146 所示。

（5）单击"图层"控制面板下方的"添加图层蒙版"按钮 ，为图层添加蒙版，如图 4-147 所示。将前景色设为黑色。选择"画笔"工具 ，在属性栏中单击"画笔"选项右侧的按钮 ，在弹出的面板中选择需要的画笔形状，如图 4-148 所示。在图像窗口中拖曳鼠标擦除不需要的图像，效果如图 4-149 所示。

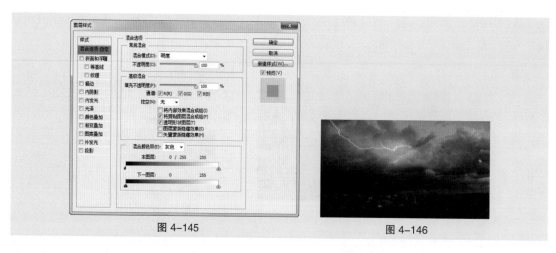

图 4-145　　　　　　　　　　　　　　　　　　图 4-146

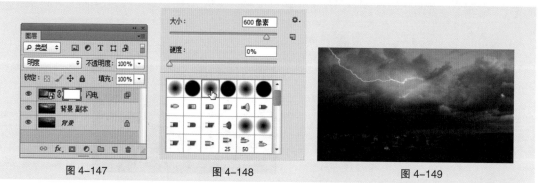

图 4-147　　　　　　　　　图 4-148　　　　　　　　图 4-149

（6）按 Ctrl+J 组合键，复制并生成新的副本图层。在"图层"控制面板上方，将"闪电 副本"图层的"不透明度"选项设为 80%，如图 4-150 所示，按 Enter 键确定操作，效果如图 4-151 所示。使用混合颜色带抠出闪电完成。

图 4-150　　　　　　　　　　　　　　　图 4-151

## 4.2.10　混合颜色带

选择一个图层。选择"图层 > 图层样式 > 混合选项"命令，弹出对话框，如图 4-152 所示。可以设置图层的混合选项。

常规混合：可以设置当前图层的混合模式和不透明度。高级混合：可以设置图层的填充不透明度、混合通道及穿透方式。混合颜色带：可以用来控制当前层与下一图层混合所要显示的像素。

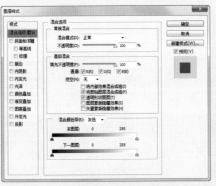

图 4-152

# 4.3 课堂练习——制作婚纱杂志

【练习知识要点】使用"钢笔"工具绘制选区，使用"通道"控制面板和"计算"命令抠出婚纱，使用"移动"工具调整图像位置，使用"色阶"命令调整图像颜色，使用"横排文字"工具和"变换"命令添加文字，效果如图 4-153 所示。

扫码观看
本案例视频

图 4-153

# 4.4 课后习题——制作家电 banner

【习题知识要点】使用"钢笔"工具和"调整边缘"命令抠出人物，使用"魔棒"工具抠出电器，使用"矩形"工具、"变换命令"和"横排文字"工具添加宣传文字，效果如图 4-154 所示。

扫码观看
本案例视频

图 4-154

# 第 5 章

# 修图

05

▶ ## 本章介绍

　　修图与当代的审美息息相关，目的是将图像修整得更为完美。本章将主要介绍常用的"裁剪"工具、"修饰"工具和"润饰"工具的使用方法。通过本章的学习，可以了解和掌握修饰图像的基本方法与操作技巧，快速地裁剪、修饰和润饰图像，使其更加美观、漂亮。

## 学习目标

- 掌握"裁剪"工具的使用方法
- 熟练掌握"修饰"工具的使用技巧
- 掌握"润饰"工具的使用方法

## 技能目标

- 掌握"证件照"的制作方法
- 掌握"模特照片"的修饰方法
- 掌握"美女照片"的修饰技巧

慕课视频

修图

# 5.1 "裁剪"工具

## 5.1.1 课堂案例——制作证件照

【案例学习目标】学习使用"裁剪"工具制作证件照。

【案例知识要点】使用"裁剪"工具裁剪图像，使用"移动"工具和图层样式添加投影和描边，效果如图 5-1 所示。

扫码观看本案例视频

扫码观看扩展案例

图 5-1

（1）按 Ctrl+N 组合键，新建一个文件，宽度为 10 cm，高度为 7 cm，分辨率为 300 像素 / 英寸，背景内容为白色。

（2）按 Ctrl+O 组合键，打开素材 01 文件，如图 5-2 所示。选择"裁剪"工具 ，单击 不受约束 ⬦ 选项，在弹出的菜单中选择"大小和分辨率"命令，在弹出的对话框中进行设置，如图 5-3 所示。属性栏如图 5-4 所示，在图像窗口中适当的位置拖曳出一个裁切区域，如图 5-5 所示，按 Enter 键确定操作，效果如图 5-6 所示。

裁剪图像大小和分辨率

源：自定

宽度(W): 2.5　厘米

高度(H): 3.5　厘米

分辨率(R): 300　像素/厘米

☐ 存储为裁剪预设

确定　取消

图 5-2　　　　　　　　　图 5-3

图 5-4

图 5-5　　　　　图 5-6

（3）选择"移动"工具 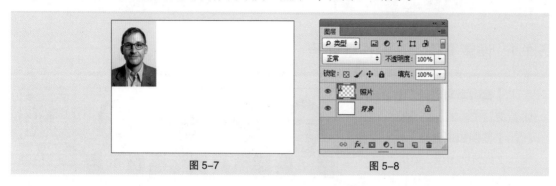，将 01 文件拖曳到新建窗口中的适当位置，效果如图 5-7 所示，在"图层"控制面板中生成新的图层并将其命名为"照片"，如图 5-8 所示。

图 5-7　　　　　　　　　　　　　　　图 5-8

（4）单击"图层"控制面板下方的"添加图层样式"按钮 **fx.**，在弹出的菜单中选择"描边"命令，弹出对话框，将描边颜色设为白色，其他选项的设置如图 5-9 所示。选择"投影"选项，切换到相应的对话框，将"不透明度"选项设为 75%，其他选项的设置如图 5-10 所示，单击"确定"按钮，效果如图 5-11 所示。按住 Alt 键的同时，水平向右拖曳图像到适当的位置，复制图像，效果如图 5-12 所示。

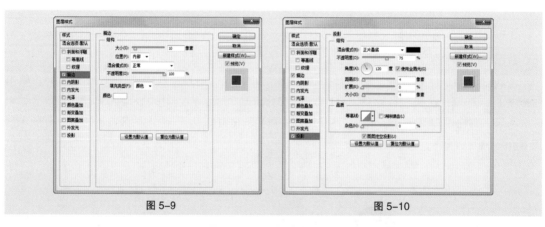

图 5-9　　　　　　　　　　　　　　　图 5-10

图 5-11　　　　　　　　　　图 5-12

（5）按住 Ctrl 键的同时，单击"照片"图层，将原图层和副本图层同时选取。按住 Alt+Shift 组合键的同时，水平向右拖曳图像到适当的位置，复制图像，效果如图 5-13 所示。

（6）按住 Ctrl 键的同时，单击"照片"图层和"照片 副本"图层，将原图层和副本图层同时选取。按住 Alt+Shift 组合键的同时，垂直向下拖曳图像到适当的位置，复制图像，效果如图 5-14 所示。证件照制作完成。

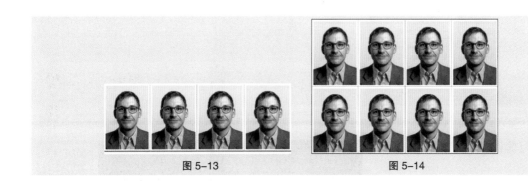

图 5-13　　　　　　　　　　　　图 5-14

## 5.1.2　"裁剪"工具

在 Photoshop 中可以使用"裁剪"工具裁剪图像，重新定义画布的大小。

选择"裁剪"工具 ⛏️，其属性栏状态如图 5-15 所示。

图 5-15

不受约束 ⬦：可以选择预设的裁剪比例。□ x □ ↺：可以自定义裁剪框的长宽比。
📷：可以快速拉直倾斜的图像。视图：三等分 ⬦：可以选择裁剪方式。⚙️：可以设置裁剪选项。删除
裁剪的像素：可以控制裁掉的图像是否彻底删除。

打开一幅图像，在图像窗口中绘制裁剪框，如图 5-16 所示，按 Enter 键确定操作，效果如图 5-17
所示。

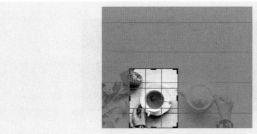

图 5-16　　　　　　　　　　图 5-17

## 5.1.3　"裁剪"命令

打开一幅图像，选择"矩形选框"工具 ▭，绘制出要裁切的图像区域，如图 5-18 所示。选择"图
像 > 裁剪"命令，图像按选区进行裁剪，效果如图 5-19 所示。

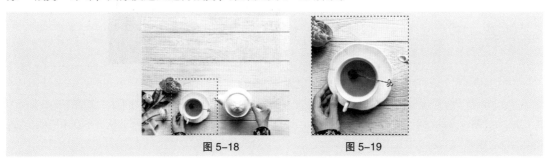

图 5-18　　　　　　　　　　图 5-19

# 5.2 "修饰"工具

## 5.2.1 课堂案例——修饰模特照片

【案例学习目标】学习使用多种修图工具修复模特照片。

【案例知识要点】使用"缩放"工具调整图像大小,使用"红眼"工具去除人物红眼,使用"污点修复画笔"工具修复雀斑和痘印,使用"修补"工具修复眼袋和皱纹,使用"仿制图章"工具修复散碎的头发,效果如图5-20所示。

扫码观看
本案例视频

扫码观看
扩展案例

图 5-20

（1）按 Ctrl+O 组合键,打开素材 01 文件,如图 5-21 所示。按 Ctrl + J 组合键,复制"背景"图层。

（2）选择"缩放"工具 🔍 ,在图像窗口中鼠标指针变为放大图标 🔍 ,单击鼠标左键将图片放大到适当的大小,如图 5-22 所示。

图 5-21　　　　　　　　　图 5-22

（3）选择"红眼"工具 ,属性栏中的设置如图 5-23 所示,在人物右侧眼睛上单击鼠标左键,去除红眼,效果如图 5-24 所示。

图 5-23　　　　　　　　　图 5-24

（4）选择"污点修复画笔"工具 ,将鼠标光标放置在要修复的污点图像上,如图 5-25 所示,单击鼠标左键,去除污点,效果如图 5-26 所示。用相同的方法继续去除脸部的所有雀斑和痘印,效果如图 5-27 所示。

图 5-25 图 5-26 图 5-27

（5）选择"修补"工具 ，在图像窗口中圈选眼袋部分，如图 5-28 所示，在选区中单击并将其拖曳到适当的位置，如图 5-29 所示，释放鼠标，修补眼袋。按 Ctrl+D 组合键，取消选区，效果如图 5-30 所示。用相同的方法继续修补眼袋，效果如图 5-31 所示。

图 5-28 图 5-29 图 5-30 图 5-31

（6）选择"仿制图章"工具，在属性栏中单击"画笔"选项右侧的按钮，弹出画笔预设面板，设置如图 5-32 所示。将鼠标光标放置在肩部需要取样的位置，按住 Alt 键的同时，光标变为圆形十字图标，如图 5-33 所示，单击鼠标左键确定取样点。

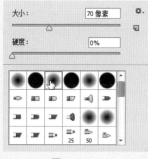
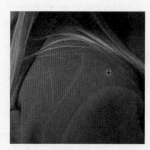

图 5-32 图 5-33

（7）将光标放置在需要修复的位置上，如图 5-34 所示，单击鼠标左键去掉碎发，效果如图 5-35 所示。用相同的方法继续修复肩部的碎发，效果如图 5-36 所示。模特照片修饰完成，效果如图 5-37 所示。

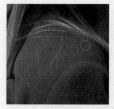
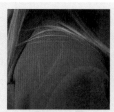
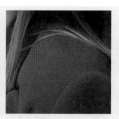

图 5-34 图 5-35 图 5-36 图 5-37

### 5.2.2 "修复画笔"工具

使用"修复画笔"工具可以将取样点的像素信息非常自然地复制到图像的破损位置，并保持图像的亮度、饱和度、纹理等属性。

选择"修复画笔"工具 ，或反复按 Shift+J 组合键，其属性栏状态如图 5-38 所示。

图 5-38

![icon]：单击下三角按钮，弹出画笔预设面板，如图 5-39 所示，可以设置画笔的大小、硬度、间距、角度、圆度和压力大小。模式：可以选择所复制像素或填充的图案与底图的混合模式。源：选择"取样"选项后，可以用选取的取样点修复图像；选择"图案"选项后，可以用选取的图案或自定义图案修复图像。对齐：勾选此复选框，下一次的复制位置会和上次的完全重合。

打开一幅图像。选择"修复画笔"工具 ![icon]，按住 Alt 键的同时，鼠标光标变为圆形十字图标 ⊕，单击确定样本的取样点，如图 5-40 所示，单击鼠标左键修复图像，如图 5-41 所示。用相同的方法修复图像，效果如图 5-42 所示。

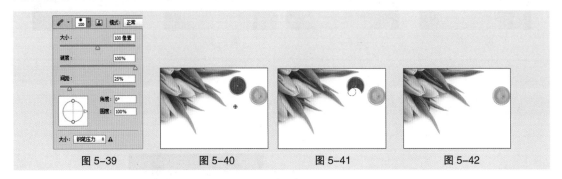

图 5-39      图 5-40      图 5-41      图 5-42

### 5.2.3 "污点修复画笔"工具

使用"污点修复画笔"工具，不需要制定样本点，将自动从所修复区域的周围取样，并将样本像素的纹理、光照、透明度和阴影与所修复的像素相匹配。

选择"污点修复画笔"工具 ，或反复按 Shift+J 组合键，其属性栏状态如图 5-43 所示。

图 5-43

打开一幅图像，如图 5-44 所示。选择"污点修复画笔"工具 ![icon]，在属性栏中进行设置，如图 5-45 所示，在要修复的污点图像上拖曳鼠标，如图 5-46 所示，释放鼠标，修复图像，效果如图 5-47 所示。

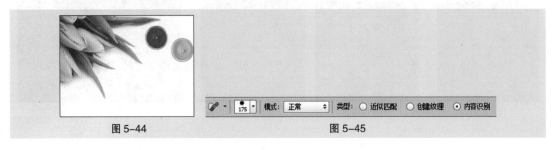

图 5-44      图 5-45

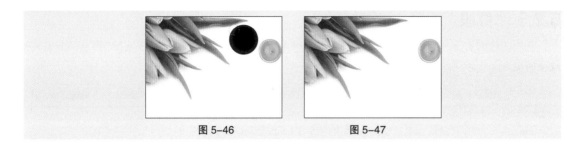

图 5-46            图 5-47

## 5.2.4 "修补"工具

使用"修补"工具,可以用图像的其他区域修补当前选中的修补区域,也可以使用图案来修补区域。

选择"修补"工具 ,或反复按 Shift+J 组合键,其属性栏状态如图 5-48 所示。

图 5-48

选择"修补"工具 ,在图像中绘制选区,如图 5-49 所示。在选区中单击并按住鼠标左键不放,将选区中的图像拖曳到需要的位置,如图 5-50 所示。释放鼠标左键,选区中的图像被新放置在选区位置的图像所修补,效果如图 5-51 所示。

图 5-49         图 5-50         图 5-51

按 Ctrl+D 组合键,取消选区,效果如图 5-52 所示。选择"修补"工具 ,在属性栏中选中"目标"选项,圈选图像中的区域,如图 5-53 所示,将其拖曳到要修补的图像区域,如图 5-54 所示,圈选区域中的图像修补了现在的图像,如图 5-55 所示。按 Ctrl+D 组合键,取消选区,效果如图 5-56 所示。

图 5-52         图 5-53         图 5-54

图 5-55            图 5-56

### 5.2.5 "红眼"工具

使用"红眼"工具可以去除用闪光灯拍摄的人物照片中的红眼，也可以去除拍摄照片中的白色或绿色反光。

选择"红眼"工具 ，或反复按 Shift+J 组合键，其属性栏状态如图 5-57 所示。

图 5-57

瞳孔大小：用于设置瞳孔的大小。变暗量：用于设置瞳孔的暗度。

### 5.2.6 "仿制图章"工具

使用"仿制图章"工具可以以指定的像素点为复制基准点，将周围的图像复制到其他地方。

选择"仿制图章"工具 ，或反复按 Shift+S 组合键，其属性栏状态如图 5-58 所示。

图 5-58

流量：用于设置扩散的速度。对齐：用于控制是否在复制时使用对齐功能。

打开一幅图像，如图 5-59 所示。选择"仿制图章"工具 ，按住 Alt 键的同时，鼠标光标变为圆形十字图标 ，将鼠标指针放在蜡烛上单击确定取样点，释放鼠标，在适当的位置单击可以仿制出取样点的图像，效果如图 5-60 所示。

图 5-59      图 5-60

### 5.2.7 "橡皮擦"工具

使用"橡皮擦"工具可以用背景色擦除背景图像或用透明色擦除图层中的图像。

选择"橡皮擦"工具 ，或反复按 Shift+E 组合键，其属性栏状态如图 5-61 所示。

图 5-61

抹到历史记录：用于确定是否以"历史"控制面板中的图像状态来擦除图像。

选择"橡皮擦"工具 ，在图像中单击并按住鼠标左键拖曳，可以擦除图像。用背景色中的白色擦除图像后的效果如图 5-62 所示。用透明色擦除图像后的效果如图 5-63 所示。

图 5-62      图 5-63

# 5.3 润饰工具

## 5.3.1 课堂案例——修饰美女照片

【案例学习目标】使用多种润饰工具调整美女照片。

【案例知识要点】使用"缩放"工具调整图像大小，使用"模糊"工具、"锐化"工具、"涂抹"工具、"减淡"工具、"加深"工具和"海绵"工具修饰图像，效果如图5-64所示。

扫码观看
本案例视频

扫码观看
扩展案例

图 5-64

（1）按Ctrl+O组合键，打开素材01文件，如图5-65所示。按Ctrl + J组合键，复制"背景"图层。选择"缩放"工具 🔍，在图像窗口中的鼠标指针变为放大图标 ⊕，单击鼠标左键放大图像，如图5-66所示。

（2）选择"模糊"工具 ◌，在属性栏中单击"画笔预设"选项右侧的按钮 ▾，在弹出的"画笔预设"面板中选择需要的画笔形状并设置其大小，如图5-67所示。在人物脸部涂抹，让脸部图像变得自然、柔和，效果如图5-68所示。

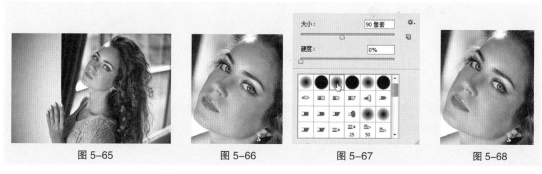

图 5-65　　　　　图 5-66　　　　　图 5-67　　　　　图 5-68

（3）选择"锐化"工具 △，在属性栏中单击"画笔预设"选项右侧的按钮 ▾，在弹出的"画笔预设"面板中选择需要的画笔形状并设置其大小，如图5-69所示。在人物图像中的头发上拖曳鼠标，使秀发更清晰，效果如图5-70所示。用相同的方法对图像其他部分进行锐化，效果如图5-71所示。

（4）选择"涂抹"工具 ✐，在属性栏中单击"画笔预设"选项右侧的按钮 ▾，在弹出的"画笔预设"面板中选择需要的画笔形状并设置其大小，如图5-72所示。在人物图像中的下颌及脖子上拖曳鼠标，调整人物下颌及脖子形态，效果如图5-73所示。

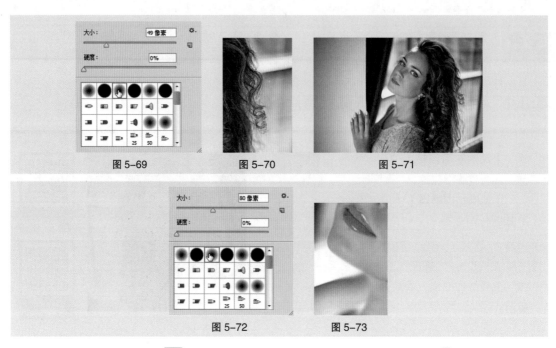

图 5-69 　　　　　　　　图 5-70 　　　　　　　　图 5-71

图 5-72 　　　　　　　　图 5-73

（5）选择"减淡"工具 ，在属性栏中单击"画笔预设"选项右侧的按钮 ，在弹出的"画笔预设"面板中选择需要的画笔形状并设置其大小，如图 5-74 所示；将"范围"选项设为中间调。在人物图像中的眼白部分拖曳鼠标，效果如图 5-75 所示。用相同的方法调整另一只眼，效果如图 5-76 所示。

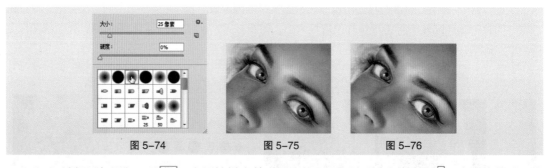

图 5-74 　　　　　　　　图 5-75 　　　　　　　　图 5-76

（6）选择"加深"工具 ，在属性栏中单击"画笔预设"选项右侧的按钮 ，在弹出的"画笔预设"面板中选择需要的画笔形状并设置其大小，如图 5-77 所示；将"范围"选项设为阴影；"曝光度"选项设置为 30%。在人物图像中的唇部拖曳鼠标加深唇色，效果如图 5-78 所示。用相同的方法加深唇色及眼球，效果如图 5-79 所示。

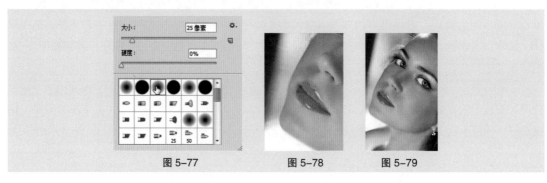

图 5-77 　　　　　　　　图 5-78 　　　　　　　　图 5-79

（7）选择"海绵"工具，在属性栏中单击"画笔预设"选项右侧的按钮，在弹出的"画笔预设"面板中选择需要的画笔形状并设置其大小，如图 5-80 所示；将"模式"选项设为加色。在人物图像中的头发上拖曳鼠标，为秀发加色，效果如图 5-81 所示。用相同的方法为图像中其他部分加色，效果如图 5-82 所示。

图 5-80　　　　　　图 5-81　　　　　　图 5-82

（8）在属性栏中单击"画笔预设"选项右侧的按钮，在弹出的"画笔预设"面板中选择需要的画笔形状并设置其大小，如图 5-83 所示；将"模式"选项设为降低饱和度。在人物图像中的背景上拖曳鼠标，为背景去色，效果如图 5-84 所示。美女照片修饰完成。

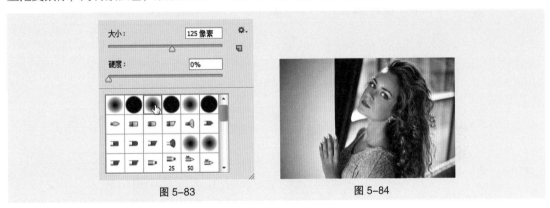

图 5-83　　　　　　　　　　图 5-84

## 5.3.2 "模糊"工具

使用"模糊"工具可以使图像的色彩变模糊。

选择"模糊"工具，其属性栏状态如图 5-85 所示。

图 5-85

画笔：用于选择画笔的形状。模式：用于设定饱和度处理方式。强度：用于设置压力的大小。对所有图层取样：用于设置工具是否对所有可见图层起作用。

选择"模糊"工具，在属性栏中进行设置，如图 5-86 所示，在图像中单击并按住鼠标左键不放，拖曳鼠标使图像产生模糊的效果。原图像和模糊后的图像效果如图 5-87 和图 5-88 所示。

图 5-86

图 5-87　　　　　　　　　图 5-88

### 5.3.3　"锐化"工具

使用"锐化"工具可以使图像的色彩感变强烈。

选择"锐化"工具 △，其属性栏状态如图 5-89 所示。其属性栏中的内容与"模糊"工具属性栏中的选项内容类似。

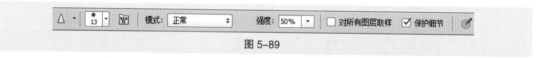

图 5-89

选择"锐化"工具 △，在属性栏中进行设置，如图 5-90 所示，在图像中单击并按住鼠标左键不放，拖曳鼠标使图像产生锐化效果。原图像和锐化后的图像效果如图 5-91 和图 5-92 所示。

图 5-90

图 5-91　　　　　　　　　图 5-92

### 5.3.4　"涂抹"工具

选择"涂抹"工具 ⚫，其属性栏状态如图 5-93 所示。其属性栏中的内容与"模糊"工具属性栏中的选项内容类似，增加的"手指绘画"复选框用于设定是否按前景色进行涂抹。

图 5-93

选择"涂抹"工具 ，在属性栏中进行设置，如图 5-94 所示，在图像中单击并按住鼠标左键不放，拖曳鼠标使图像产生涂抹效果。原图像和涂抹后的图像效果如图 5-95 和图 5-96 所示。

图 5-94

图 5-95　　　　　　　　　　　图 5-96

## 5.3.5　"减淡"工具

使用"减淡"工具可以使图像的亮度提高。

选择"减淡"工具 ，或反复按 Shift+O 组合键，其属性栏状态如图 5-97 所示。

图 5-97

范围：用于设定图像中所要提高亮度的区域。曝光度：用于设定曝光的强度。

选择"减淡"工具 ，在属性栏中进行设置，如图 5-98 所示，在图像中单击并按住鼠标左键不放，拖曳鼠标使图像产生减淡效果。原图像和减淡后的图像效果如图 5-99 和图 5-100 所示。

图 5-98

图 5-99　　　　　　　　　　　图 5-100

## 5.3.6　"加深"工具

使用"加深"工具可以使图像的区域变暗。

选择"加深"工具 ，或反复按 Shift+O 组合键，其属性栏状态如图 5-101 所示。其属性栏中的内容与"减淡"工具属性栏中的选项内容的作用正好相反。

图 5-101

选择"加深"工具 ![icon]，在属性栏中进行设置，如图 5-102 所示，在图像中单击并按住鼠标左键不放，拖曳鼠标使图像产生加深效果。原图像和加深后的图像效果如图 5-103 和图 5-104 所示。

图 5-102

图 5-103　　　　　　　　　图 5-104

### 5.3.7 "海绵"工具

选择"海绵"工具 ![icon]，或反复按 Shift+O 组合键，其属性栏状态如图 5-105 所示。其属性栏中的内容与"模糊"工具属性栏中的选项内容类似，增加的"流量"选项，用于设定扩散的速度。

图 5-105

选择"海绵"工具 ![icon]，在属性栏中进行设置，如图 5-106 所示，在图像中单击并按住鼠标左键不放，拖曳鼠标使图像增加色彩饱和度。原图像和使用"海绵"工具后的图像效果如图 5-107 和图 5-108 所示。

图 5-106

图 5-107　　　　　　　　　图 5-108

## 5.4　课堂练习——修复生活照片

【练习知识要点】使用"缩放"工具调整图像大小，使用"红眼"工具去除人物红眼，使用"污点修复画笔"工具修复雀斑和痘印，使用"修补"工具修复眼袋和颈部皱纹，使用"仿制图章"工具修复项链，效果如图 5-109 所示。

扫码观看
本案例视频

图 5-109

## 5.5　课后习题——修饰人物图像

【习题知识要点】使用"缩放"工具调整图像大小，使用"模糊"工具、"锐化"工具、"涂抹"工具、"减淡"工具、"加深"工具和"海绵"工具修饰图像，效果如图 5-110 所示。

扫码观看
本案例视频

图 5-110

# 第 6 章

# 调色

## 本章介绍

　　图像的色调直接关系着图像表达的内容，不同的颜色倾向具有不同的表达效果。本章将主要介绍常用的调整图像色彩与色调的命令和面板。通过本章的学习，可以了解和掌握调整图像颜色的基本方法与操作技巧，制作出绚丽多彩的图像。

### 学习目标

- 熟练掌握调整图像色彩与色调的方法
- 掌握特殊的颜色处理技巧
- 了解动作面板调色的方法

### 技能目标

- 掌握"夏日风格照片"的制作方法
- 掌握"主题海报"的制作方法
- 掌握"唯美风景画"的制作方法
- 掌握"冰蓝色调照片"的制作方法
- 掌握"暖色调照片"的制作方法
- 掌握"超现实照片"的制作方法
- 掌握"水墨画"的制作方法
- 掌握"时尚版画"的制作方法
- 掌握"粉色甜美色调照片"的制作方法

慕课视频

调色

# 6.1 调整图像色彩与色调

## 6.1.1 课堂案例——制作夏日风格照片

【案例学习目标】学习使用"调整"命令调整图像效果。

【案例知识要点】使用"曲线"命令、"色彩平衡"命令和"可选颜色"命令调整图像色调,使用"横排文字"工具添加文字,效果如图 6-1 所示。

扫码观看
本案例视频

扫码观看
扩展案例

图 6-1

（1）按 Ctrl + O 组合键,打开素材 01 文件,如图 6-2 所示。将"背景"图层拖曳到"图层"控制面板下方的"创建新图层"按钮 上进行复制,生成新的图层"背景 副本",如图 6-3 所示。

图 6-2

图 6-3

（2）选择"钢笔"工具 ,在属性栏的"选择工具模式"选项中选择"路径",在图像窗口中沿着人物轮廓绘制路径,如图 6-4 所示。按 Ctrl+Enter 组合键,将路径转化为选区,如图 6-5 所示。

图 6-4

图 6-5

（3）选择"选择 > 修改 > 收缩"命令,在弹出的对话框中进行设置,如图 6-6 所示,单击"确定"按钮，效果如图 6-7 所示。按 Ctrl+J 组合键，将选区中的图像复制到新的图层，并将其命名为"人物"，如图 6-8 所示。

图 6-6　　　　　　　　　　　图 6-7　　　　　　　　　　　图 6-8

（4）选择"图像 > 调整 > 可选颜色"命令，在弹出的对话框中进行设置，如图 6-9 所示。单击"颜色"选项右侧的按钮 ▼ ，在弹出的菜单中选择"黄色"选项，切换到相应的对话框，设置如图 6-10 所示。

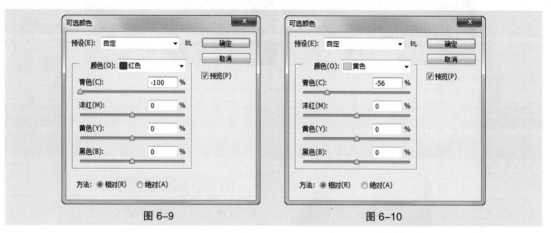

图 6-9　　　　　　　　　　　　　　　　　　图 6-10

（5）选择"绿色"选项，切换到相应的对话框，设置如图 6-11 所示。选择"青色"选项，切换到相应的对话框，设置如图 6-12 所示。

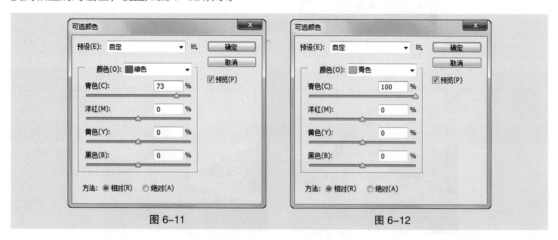

图 6-11　　　　　　　　　　　　　　　　　　图 6-12

（6）选择"蓝色"选项，切换到相应的对话框，设置如图 6-13 所示。单击"确定"按钮，效果如图 6-14 所示。

图 6-13　　　　　　　　　　　　　　　　　图 6-14

（7）选择"图像 > 调整 > 曲线"命令，弹出"曲线"对话框，在曲线上单击鼠标左键添加控制点，将"输入"选项设为 143，"输出"选项设为 163，如图 6-15 所示。再次单击添加一个控制点，将"输入"选项设为 76，"输出"选项设为 67，如图 6-16 所示。单击"确定"按钮，效果如图 6-17 所示。

（8）将前景色设为白色。选择"横排文字"工具 T，，在适当的位置输入需要的文字并选取文字，在属性栏中选择合适的字体并设置大小，效果如图 6-18 所示，在"图层"控制面板中生成新的文字图层。夏日风格照片制作完成。

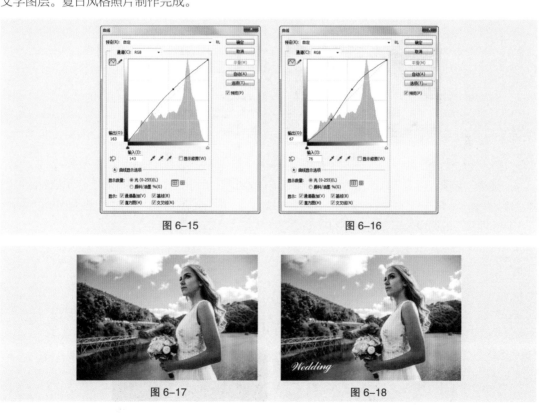

图 6-15　　　　　　　　　　　　　　图 6-16

图 6-17　　　　　　　　　　　　　　图 6-18

## 6.1.2　曲线

"曲线"命令可以通过调整图像色彩曲线上的任意一个像素点来改变图像的色彩范围。

打开一幅图像，如图 6-19 所示。选择"图像 > 调整 > 曲线"命令，或按 Ctrl+M 组合键，弹出图 6-20 所示的对话框。在图像中单击，如图 6-21 所示，对话框的图表上会出现一个圆圈，X 轴为色彩的输入值，Y 轴为色彩的输出值，表示在图像中单击处的像素数值，如图 6-22 所示。

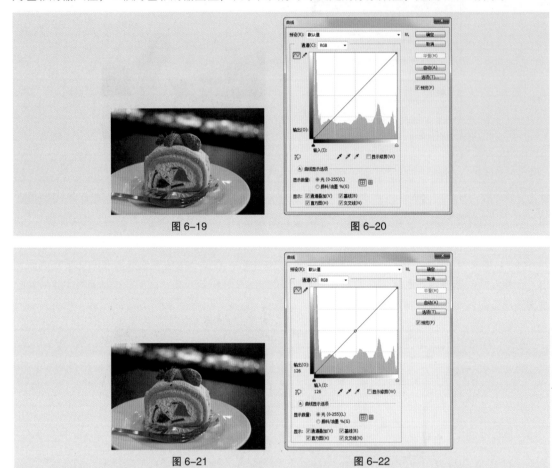

图 6-19　　　　　　　　　　　　　图 6-20

图 6-21　　　　　　　　　　　　　图 6-22

"通道"选项：用于选择图像的颜色调整通道。　：用于改变曲线的形状，添加或删除控制点。输入 / 输出：用于显示图表中光标所在位置的亮度值。　自动(A)　：用于自动调整图像的亮度。调整曲线后的图像效果如图 6-23 所示。

图 6-23

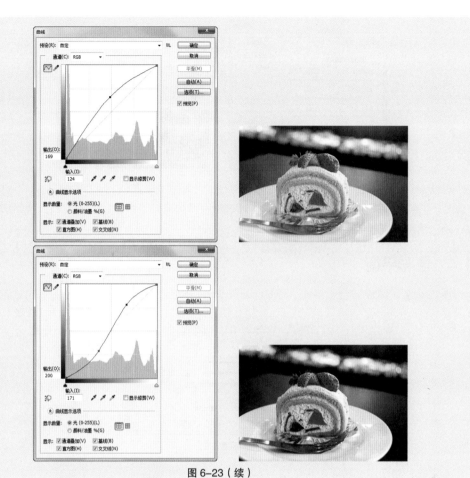

图 6-23（续）

## 6.1.3 可选颜色

"可选颜色"命令能够将图像中的颜色替换成选择后的颜色。

打开一幅图像，如图 6-24 所示。选择"图像 > 调整 > 可选颜色"命令，弹出图 6-25 所示的对话框，对选项的设置如图 6-26 所示。单击"确定"按钮，效果如图 6-27 所示。

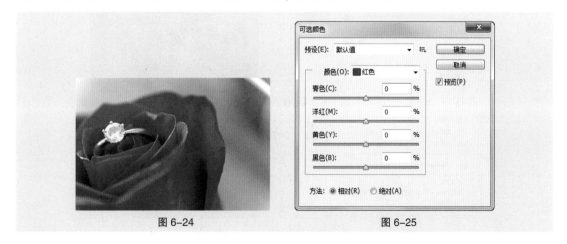

图 6-24

图 6-25

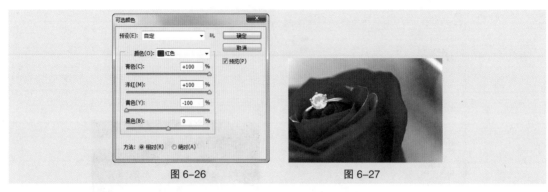

图 6-26                                             图 6-27

颜色：可以选择图像中含有的不同色彩，通过拖曳滑块来调整青色、洋红、黄色、黑色的百分比。
方法：确定调整方法是"相对"或"绝对"。

### 6.1.4 色彩平衡

选择"图像 > 调整 > 色彩平衡"命令，或按 Ctrl+B 组合键，弹出图 6-28 所示的对话框。

图 6-28

色彩平衡：用于添加过渡色来平衡色彩效果，通过拖曳滑块或在"色阶"选项的数值框中直接
输入数值来调整图像色彩。色调平衡：用于选取图像的阴影、中间调和高光。保持明度：用于保持
原图像的明度。

设置不同的色彩平衡后，效果如图 6-29 所示。

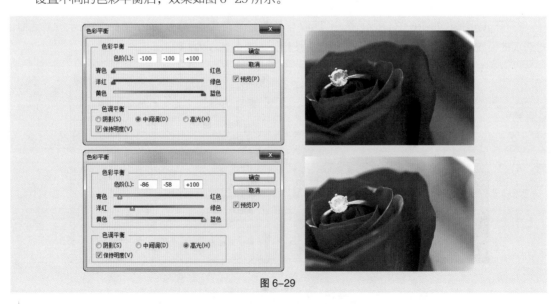

图 6-29

## 6.1.5　课堂案例——制作主题海报

【案例学习目标】学习使用"渐变映射"命令制作主题海报。

【案例知识要点】使用"渐变"工具填充背景，使用"钢笔"工具绘制多边形，使用"移动"工具移动图像，使用"渐变映射"命令调整人物图像，效果如图 6-30 所示。

图 6-30

（1）按 Ctrl+N 组合键，新建一个文件，宽度为 30 cm，高度为 34.9 cm，分辨率为 300 像素 / 英寸，背景内容为白色，新建文档。

（2）选择"渐变"工具■，单击属性栏中的"点按可编辑渐变"按钮■■■■，弹出"渐变编辑器"对话框，在"位置"选项中分别输入 0、50、100 三个位置点，并分别设置三个位置点颜色的 RGB 值为 0（202、229、242）、50（249、248、208）、100（202、227、204），如图 6-31 所示，单击"确定"按钮。在图像窗口中由右下角至左上角拖曳渐变色，效果如图 6-32 所示。

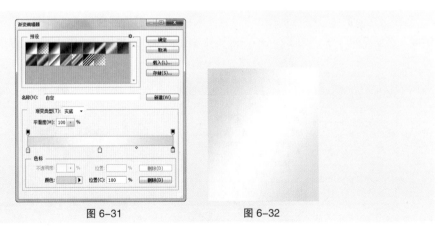

图 6-31　　　　　　　　　　　　　　　图 6-32

（3）选择"文件 > 置入"命令，弹出"置入"对话框，选择素材 01 文件，单击"置入"按钮，将图片置入到图像窗口中，并调整其位置和大小，按 Enter 键确定操作，效果如图 6-33 所示，在"图层"控制面板中生成新的图层并将其命名为"人物 1"。在该图层上单击鼠标右键，在弹出的菜单中选择"栅格化图层"命令，栅格化图像，如图 6-34 所示。

（4）选择"图像 > 调整 > 黑白"命令，在弹出的对话框中进行设置，如图 6-35 所示。单击"确定"按钮，效果如图 6-36 所示。

图 6-33　　　　　　　　　　　　图 6-34

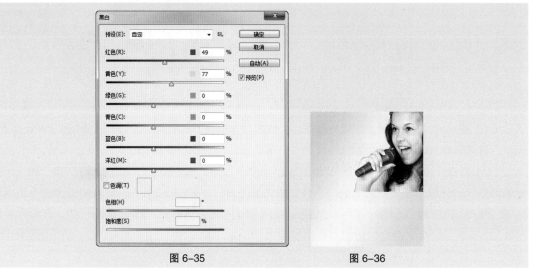

图 6-35　　　　　　　　　　　　图 6-36

（5）在"图层"控制面板上方，将"人物 1"图层的混合模式选项设为"正片叠底"，"不透明度"选项设为 80%，如图 6-37 所示，按 Enter 键确定操作，效果如图 6-38 所示。

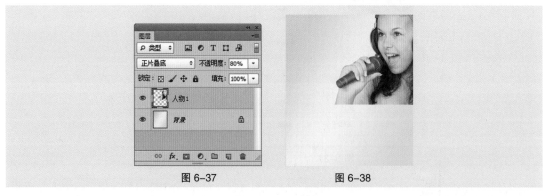

图 6-37　　　　　　　　　　　　图 6-38

（6）选择"图像 > 调整 > 渐变映射"命令，弹出对话框，单击"点按可编辑渐变"按钮，弹出"渐变编辑器"对话框，将渐变色设为从橘色（255、83、16）到白色，如图 6-39 所示，单击"确定"按钮。返回到"渐变映射"对话框，单击"确定"按钮，效果如图 6-40 所示。

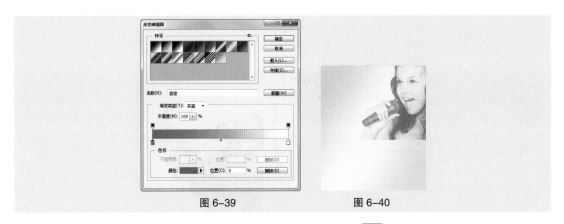

图 6-39             图 6-40

（7）单击"图层"控制面板下方的"添加图层蒙版"按钮 ，为图层添加蒙版，如图 6-41 所示。选择"渐变"工具 ，单击属性栏中的"点按可编辑渐变"按钮 ，弹出"渐变编辑器"对话框，将渐变色设为从黑色到白色，如图 6-42 所示，单击"确定"按钮。在 01 图像下方从下向上拖曳渐变色，效果如图 6-43 所示。

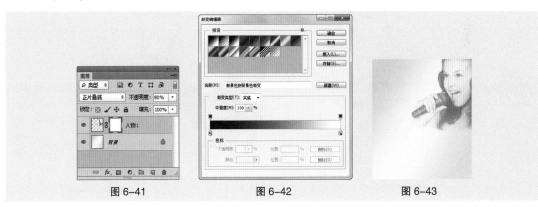

图 6-41          图 6-42          图 6-43

（8）选择"文件 > 置入"命令，弹出"置入"对话框，选择素材 02 文件，单击"置入"按钮，将图片置入到图像窗口中，并调整其位置和大小，如图 6-44 所示。

（9）单击鼠标右键，在弹出的菜单中选择"水平翻转"命令，水平翻转图像，按 Enter 键确定操作，效果如图 6-45 所示，在"图层"控制面板中生成新的图层并将其命名为"人物 2"。在该图层上单击鼠标右键，在弹出的菜单中选择"栅格化图层"命令，栅格化图像，如图 6-46 所示。

图 6-44          图 6-45          图 6-46

（10）选择"图像 > 调整 > 黑白"命令，在弹出的对话框中进行设置，如图 6-47 所示。单击"确定"按钮，效果如图 6-48 所示。

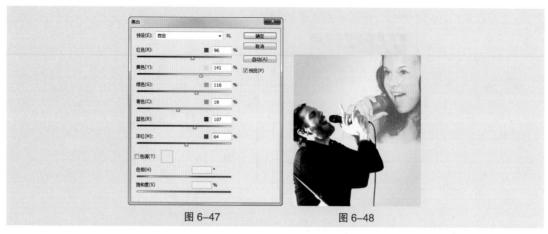

图 6-47　　　　　　　　图 6-48

（11）在"图层"控制面板上方，将"人物2"图层的混合模式选项设为"正片叠底"，"不透明度"选项设为60%，如图6-49所示，按 Enter 键确定操作，效果如图6-50所示。

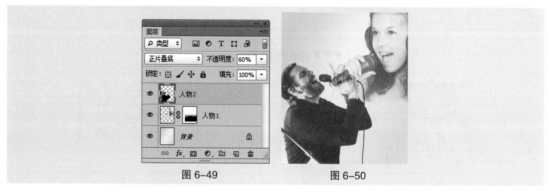

图 6-49　　　　　　　　图 6-50

（12）选择"图像 > 调整 > 渐变映射"命令，弹出对话框，单击"点按可编辑渐变"按钮，弹出"渐变编辑器"对话框，将渐变色设为从绿色（0、233、164）到白色，如图6-51所示，单击"确定"按钮。返回到"渐变映射"对话框，单击"确定"按钮，效果如图6-52所示。

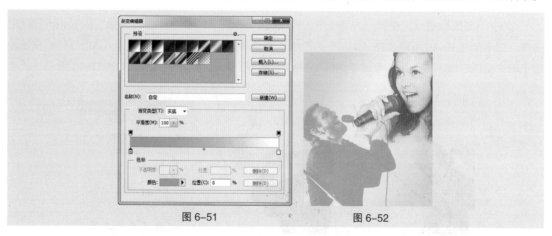

图 6-51　　　　　　　　图 6-52

（13）按 Ctrl + O 组合键，打开素材 03 文件。选择"移动"工具，将 03 图像拖曳到新建的图像窗口中适当的位置，效果如图6-53所示，在"图层"控制面板中生成新的图层并将其命名为"文字"，如图6-54所示。

图 6-53　　　　　　　图 6-54

（14）将前景色设为橙色（255、144、0）。选择"横排文字"工具 T，在适当的位置分别输入需要的文字并选取文字，在属性栏中选择合适的字体并设置大小，单击"右对齐文本"按钮 ，效果如图 6-55 所示，在"图层"控制面板中分别生成新的文字图层。

（15）选择"量贩式 KTV"文字。按 Ctrl+T 组合键，弹出"字符"面板，将"设置行距"选项设置为 63 点，"设置所选字符的字距调整"选项设置为 50，单击"全部大写字母"按钮 TT，如图 6-55 所示，按 Enter 键确定操作，效果如图 6-56 所示。

（16）选择"Pick up your……"文字。在"字符"面板中，将"设置行距"选项设置为 17.2 点，"设置所选字符的字距调整"选项设置为 50，单击"全部大写字母"按钮 TT，如图 6-57 所示，按 Enter 键确定操作，效果如图 6-58 所示。

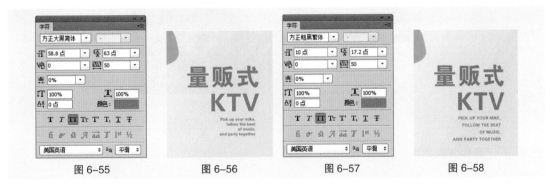

图 6-55　　　　图 6-56　　　　图 6-57　　　　图 6-58

（17）在"图层"控制面板上方，将该文字图层的"不透明度"选项设为 60%，如图 6-59 所示，按 Enter 键确定操作，效果如图 6-60 所示。主题海报制作完成，效果如图 6-61 所示。

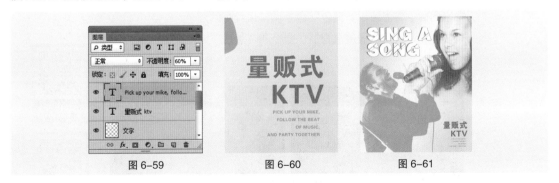

图 6-59　　　　图 6-60　　　　图 6-61

## 6.1.6　黑白

"黑白"命令可以将彩色图像转换为灰阶图像，也可以为灰阶图像添加单色。

## 6.1.7 渐变映射

"渐变映射"命令用于将图像的最暗和最亮色调映射为一组渐变色中的最暗和最亮色调。

打开一幅图像，如图 6-62 所示。选择"图像 > 调整 > 渐变映射"命令，弹出对话框，如图 6-63 所示。单击"点按可编辑渐变"按钮 ，在弹出的"渐变编辑器"对话框中设置渐变色，如图 6-64 所示。单击"确定"按钮，效果如图 6-65 所示。

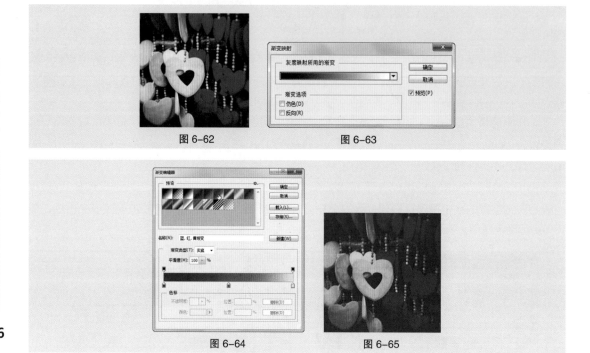

图 6-62　　　　　　　　　　　　　　图 6-63

图 6-64　　　　　　　　　　　　　　图 6-65

灰度映射所用的渐变：用于选择不同的渐变形式。仿色：用于为转变色调后的图像增加仿色。反向：用于将转变色调后的图像颜色反转。

## 6.1.8 课堂案例——制作唯美风景画

【案例学习目标】学习使用"调色"命令调整风景画的颜色。

【案例知识要点】使用"通道混合器"命令和"黑白"命令调整图像，效果如图 6-66 所示。

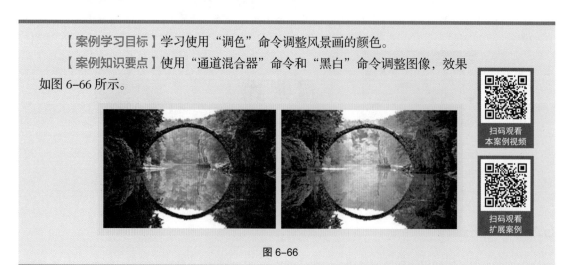

图 6-66

扫码观看
本案例视频

扫码观看
扩展案例

（1）按 Ctrl + O 组合键，打开素材 01 文件，如图 6-67 所示。将"背景"图层拖曳到"图层"控制面板下方的"创建新图层"按钮 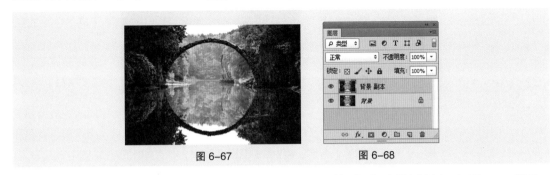 上进行复制，生成新的图层"背景 副本"，如图 6-68 所示。

图 6-67　　　　　　　　　　　　　　图 6-68

（2）选择"图像 > 调整 > 通道混合器"命令，在弹出的对话框中进行设置，如图 6-69 所示。单击"确定"按钮，效果如图 6-70 所示。

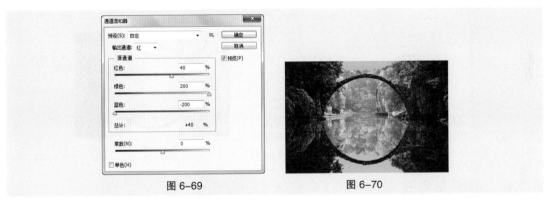

图 6-69　　　　　　　　　　　　　　图 6-70

（3）按 Ctrl+J 组合键，复制"背景 副本"图层，生成新的图层并将其命名为"黑白"。选择"图像 > 调整 > 黑白"命令，在弹出的对话框中进行设置，如图 6-71 所示，单击"确定"按钮，效果如图 6-72 所示。

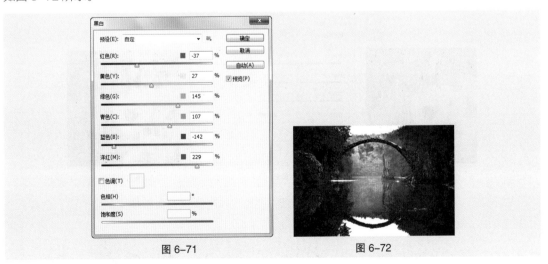

图 6-71　　　　　　　　　　　　　　图 6-72

（4）在"图层"控制面板上方，将"黑白"图层的混合模式选项设为"滤色"，如图 6-73 所示，图像效果如图 6-74 所示。

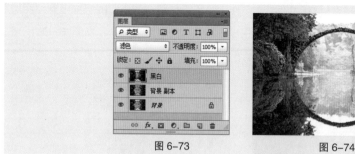

图 6-73　　　　　　　　　　　　　　　　图 6-74

（5）按住 Ctrl 键的同时，选择"黑白"图层和"背景 副本"图层。按 Ctrl+E 组合键，合并图层并将其命名为"效果"。选择"图像 > 调整 > 色相 / 饱和度"命令，在弹出的对话框中进行设置，如图 6-75 所示，单击"确定"按钮，效果如图 6-76 所示。唯美风景画制作完成。

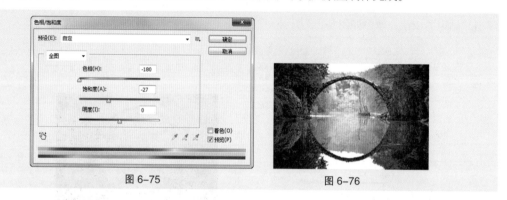

图 6-75　　　　　　　　　　　　　　　　图 6-76

## 6.1.9　通道混合器

打开一幅图像，如图 6-77 所示。选择"图像 > 调整 > 通道混合器"命令，在弹出的对话框中进行设置，如图 6-78 所示，单击"确定"按钮，效果如图 6-79 所示。

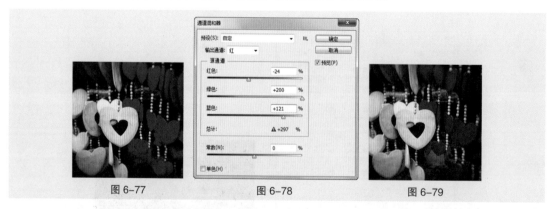

图 6-77　　　　　　　　　图 6-78　　　　　　　　　图 6-79

输出通道：用于选取要修改的通道。源通道：通过拖曳滑块或输入数值来调整图像。常数：通过拖曳滑块或输入数值来调整图像。单色：用于创建灰度模式的图像。

## 6.1.10　色相 / 饱和度

打开一幅图像，如图 6-80 所示。选择"图像 > 调整 > 色相 / 饱和度"命令，或按 Ctrl+U 组合键，在弹出的对话框中进行设置，如图 6-81 所示。单击"确定"按钮，效果如图 6-82 所示。

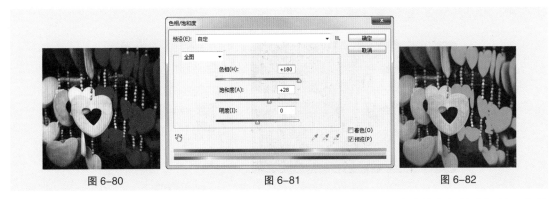

| 图 6-80 | 图 6-81 | 图 6-82 |

预设：用于选择要调整的色彩范围，可以通过拖曳各选项中的滑块或输入数值来调整图像的色相、饱和度和明度。着色：用于在由灰度模式转化而来的色彩模式图像中添加需要的颜色。

打开一幅图像，如图 6-83 所示，在"色相 / 饱和度"对话框中进行设置，勾选"着色"复选框，如图 6-84 所示，单击"确定"按钮，效果如图 6-85 所示。

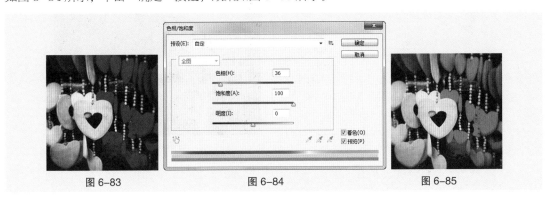

| 图 6-83 | 图 6-84 | 图 6-85 |

## 6.1.11 课堂案例——制作冰蓝色调照片

【案例学习目标】学习使用"调色"命令调整人物图像。

【案例知识要点】使用"照片滤镜"命令和"色阶"命令调整图像，使用"横排文字"工具和"字符"面板添加文字，效果如图 6-86 所示。

图 6-86

扫码观看
本案例视频

扫码观看
扩展案例

（1）按 Ctrl + O 组合键，打开素材 01 文件，如图 6-87 所示。将"背景"图层拖曳到控制面板下方的"创建新图层"按钮  上进行复制，生成新的图层"背景 副本"，如图 6-88 所示。

图 6-87　　　　　　　　　　　　　　　图 6-88

（2）选择"图像 > 调整 > 照片滤镜"命令，弹出对话框，选中"颜色"单选项，将"颜色"选项设置为蓝色（0、90、255），其他选项的设置如图 6-89 所示，单击"确定"按钮，效果如图 6-90 所示。

图 6-89　　　　　　　　　　　　　　　图 6-90

（3）按 Ctrl+L 组合键，弹出"色阶"对话框，选项的设置如图 6-91 所示。单击"通道"选项右侧的按钮，在弹出的菜单中选择"红"选项，切换到相应的对话框，选项的设置如图 6-92 所示。选择"蓝"选项，切换到相应的对话框，选项的设置如图 6-93 所示。单击"确定"按钮，效果如图 6-94 所示。

（4）选择"图像 > 调整 > 亮度 / 对比度"命令，在弹出的对话框中进行设置，如图 6-95 所示，单击"确定"按钮，效果如图 6-96 所示。

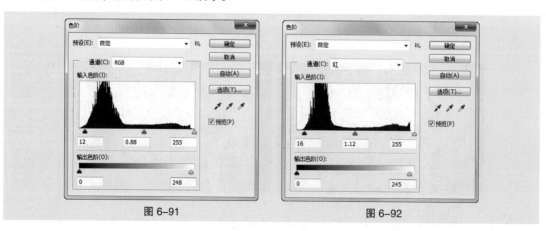

图 6-91　　　　　　　　　　　　　　　图 6-92

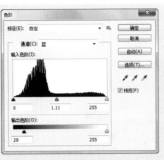

图 6-93

图 6-94

图 6-95

图 6-96

（5）将前景色设为白色。选择"横排文字"工具 T ，在适当的位置输入需要的文字并选取文字，在属性栏中选择合适的字体并设置大小，效果如图 6-97 所示，在"图层"控制面板中生成新的文字图层。选取文字。按 Ctrl+T 组合键，弹出"字符"面板，将"设置行距"选项设置为 3.5 点，如图 6-98 所示，按 Enter 键确定操作，效果如图 6-99 所示。

（6）选择"直线"工具 ，在属性栏的"选择工具模式"选项中选择"形状"，将"填充"颜色设为无色，"描边"颜色设为白色，"描边宽度"选项设为 4 点，按住 Shift 键的同时，在图像窗口中绘制直线，效果如图 6-100 所示，在"图层"控制面板中生成新的形状图层"形状 1"。冰蓝色调照片制作完成。

图 6-97

图 6-98

图 6-99

图 6-100

### 6.1.12　照片滤镜

"照片滤镜"命令用于模仿传统相机的滤镜效果处理图像，通过调整图片颜色可以获得各种丰富的效果。

打开一幅图像。选择"图像 > 调整 > 照片滤镜"命令，弹出对话框，如图 6-101 所示。

图 6-101

滤镜：用于选择颜色调整的过滤模式。颜色：单击此选项右侧的图标，弹出"选择滤镜颜色"对话框，可以在对话框中设置精确颜色对图像进行过滤。浓度：可以通过拖动滑块或在右侧的文本框中输入数值设置过滤颜色的百分比。保留明度：勾选此复选框，图片的白色部分颜色保持不变；取消勾选此复选框，则图片的全部颜色都随之改变，效果如图 6-102 所示。

图 6-102

### 6.1.13　色阶

打开一幅图像，如图 6-103 所示。选择"图像 > 调整 > 色阶"命令，或按 Ctrl+L 组合键，弹出图 6-104 所示的对话框。对话框中间是一个直方图，其横坐标为 0~255，表示亮度值，纵坐标为图像的像素数值。

通道：可以选择不同的颜色通道来调整图像。

输入色阶：可以通过输入数值或拖曳滑块来调整图像，左侧的数值框和黑色滑块用于调整黑色，图像中低于该亮度值的所有像素将变为黑色；中间的数值框和灰色滑块用于调整灰度，其数值范围为 0.01~9.99；右侧的数值框和白色滑块用于调整白色，图像中高于该亮度值的所有像素将变为白色。调整"输入色阶"选项的 3 个滑块后，图像将产生不同的色彩效果，如图 6-105 所示。

图 6-103                               图 6-104

图 6-105

　　输出色阶：可以通过输入数值或拖曳滑块来控制图像的亮度范围，左侧的数值框和黑色滑块用于调整图像中最暗像素的亮度；右侧数值框和白色滑块用于调整图像中最亮像素的亮度。调整"输出色阶"选项的 2 个滑块后，图像将产生不同的色彩效果，如图 6-106 所示。

图 6-106

自动(A)：可以自动调整图像并设置层次。选项(T)...：系统将以 0.10% 色阶来对图像进行加亮和变暗。取消：按住 Alt 键，转换为 复位 按钮，可以将刚调整过的色阶复位还原，重新进行设置。：分别为"黑色吸管"工具、"灰色吸管"工具和"白色吸管"工具。选中"黑色吸管"工具，在图像中单击一点，图像中暗于单击点的所有像素都会变为黑色；用"灰色吸管"工具在图像中单击，单击点的像素都会变为灰色，图像中的其他颜色也会有相应调整；用"白色吸管"工具在图像中单击一点，图像中亮于单击点的所有像素都会变为白色。双击任意吸管工具，在弹出的颜色选择对话框中设置吸管颜色。

## 6.1.14　亮度 / 对比度

"亮度 / 对比度"命令可以调整整个图像的亮度和对比度。

打开一幅图像，如图 6-107 所示。选择"图像 > 调整 > 亮度 / 对比度"命令，弹出图 6-108 所示的对话框，选项的设置如图 6-109 所示，单击"确定"按钮，效果如图 6-110 所示。

图 6-107　　　　　　　　　　　　　　　图 6-108

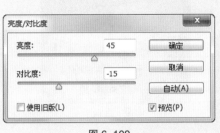

图 6-109　　　　　　　　　　　　图 6-110

## 6.1.15　课堂案例——制作暖色调照片

【案例学习目标】学习使用"调色"命令调整食物图像。

【案例知识要点】使用"照片滤镜"命令和"阴影 / 高光"命令调整美食照片，使用"横排文字"工具添加文字，效果如图 6-111 所示。

扫码观看
本案例视频

扫码观看
扩展案例

图 6-111

（1）按 Ctrl + O 组合键，打开素材 01 文件，如图 6-112 所示。将"背景"图层拖曳到控制面板下方的"创建新图层"按钮 ![按钮] 上进行复制，生成新的图层"背景 副本"，如图 6-113 所示。

图 6-112　　　　　　　　　　　图 6-113

（2）选择"图像 > 调整 > 照片滤镜"命令，在弹出的对话框中进行设置，如图 6-114 所示，单击"确定"按钮，效果如图 6-115 所示。

（3）选择"图像 > 调整 > 阴影 / 高光"命令，弹出对话框，勾选"显示更多选项"复选框，选项的设置如图 6-116 所示，单击"确定"按钮，图像效果如图 6-117 所示。

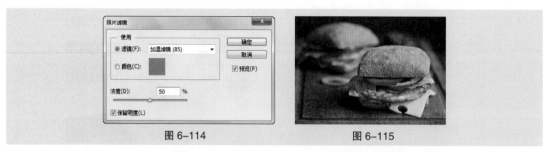

图 6-114　　　　　　　　　　　　　　图 6-115

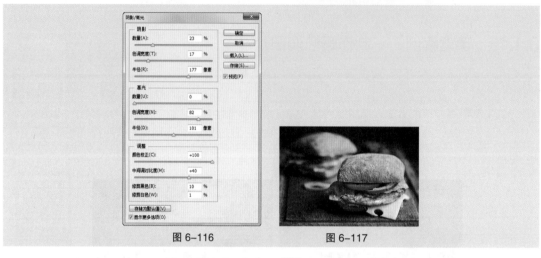

图 6-116　　　　　　　　　　　　　　图 6-117

（4）将前景色设为白色。选择"横排文字"工具 **T.**，在适当的位置输入需要的文字并选取文字，在属性栏中选择合适的字体并设置大小，效果如图 6-118 所示，在"图层"控制面板中生成新的文字图层。

（5）选取文字。按 Ctrl+T 组合键，弹出"字符"面板，将"设置所选字符的字距调整"选项设置为 –60，单击"仿斜体"按钮 **T**，如图 6-119 所示，按 Enter 键确定操作，效果如图 6-120 所示。暖色调照片制作完成。

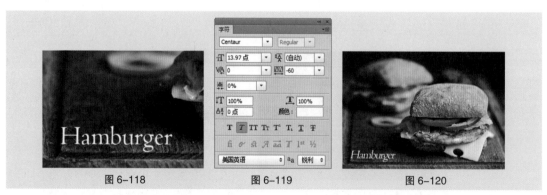

图 6-118　　　　　　　　　　　图 6-119　　　　　　　　　　　图 6-120

## 6.1.16　阴影 / 高光

"阴影 / 高光"命令用于快速改善图像中曝光过度或曝光不足区域的对比度，同时保持整体的平衡。

打开一幅图像，如图 6-121 所示。选择"图像 > 调整 > 阴影 / 高光"命令，弹出对话框，如图

6-122 所示，勾选"显示更多选项"复选框，显示更多的选项，设置如图 6-123 所示。单击"确定"按钮，效果如图 6-124 所示。

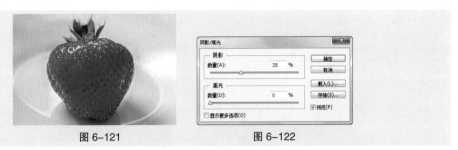

图 6-121                    图 6-122

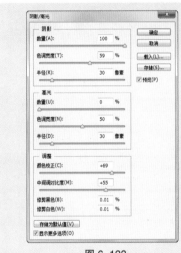

图 6-123                    图 6-124

## 6.1.17　课堂案例——制作超现实照片

【案例学习目标】学习使用"HDR 色调"命令制作超现实图像。
【案例知识要点】使用"HDR 色调"命令调整图像，效果如图 6-125 所示。

扫码观看
本案例视频

扫码观看
扩展案例

图 6-125

（1）按 Ctrl + O 组合键，打开素材 01 文件，如图 6-126 所示。选择"裁剪"工具 ▣，在图像窗口中适当的位置拖曳出一个裁切区域，如图 6-127 所示，按 Enter 键确定操作，效果如图 6-128 所示。

（2）选择"图像 > 调整 > HDR 色调"命令，在弹出的对话框中进行设置，如图 6-129 所示，单击"色调曲线和直方图"左侧的按钮 ▶，在弹出的曲线上进行设置，如图 6-130 所示，单击"确定"按钮，效果如图 6-131 所示。超现实照片制作完成。

图 6-126　　　　　　　　　　　　　图 6-127

图 6-128　　　　　　　　　　　　　图 6-129

图 6-130　　　　　　　　　　　　　图 6-131

## 6.1.18　HDR 色调

打开一幅图像，如图 6-132 所示。选择"图像 > 调整 > HDR 色调"命令，弹出"HDR 色调"对话框，如图 6-133 所示。可以改变图像"HDR"的对比度和曝光度。

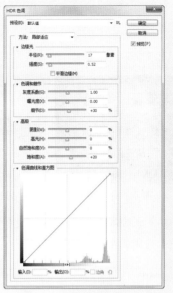

图 6-132

图 6-133

边缘光：用于控制调整的范围和强度。色调和细节：用于调节图像曝光度，及其在阴影、高光中细节的呈现。高级：用于调节图像色彩饱和度。色调曲线和直方图：显示照片直方图，并提供用于调整图像色调的曲线。

# 6.2　特殊颜色处理

## 6.2.1　课堂案例——制作水墨画

【案例学习目标】学习使用"去色"命令制作水墨画。

【案例知识要点】使用"去色"命令、"色阶"命令和"亮度/对比度"命令改变图像效果，使用"模糊"滤镜调整图像，使用"横排文字"工具添加文字，效果如图 6-134 所示。

扫码观看
本案例视频

扫码观看
扩展案例

图 6-134

（1）按 Ctrl + O 组合键，打开素材 01 文件，如图 6-135 所示。将"背景"图层拖曳到控制面板下方的"创建新图层"按钮 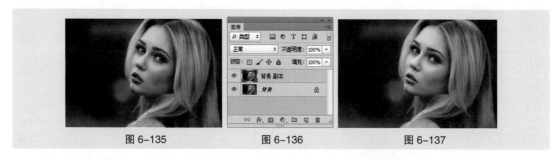 上进行复制，生成新的图层"背景 副本"，如图 6-136 所示。选择"图像 > 调整 > 去色"命令，去除图像颜色，效果如图 6-137 所示。

图 6-135　　　　　　　图 6-136　　　　　　　图 6-137

（2）选择"滤镜 > 模糊 > 表面模糊"命令，在弹出的对话框中进行设置，如图 6-138 所示，单击"确定"按钮，效果如图 6-139 所示。

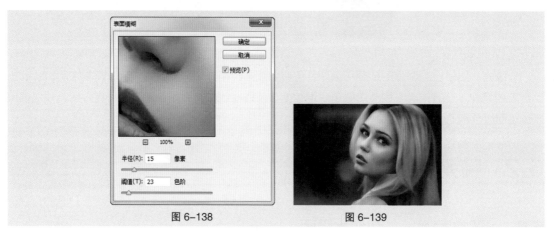

图 6-138　　　　　　　　　　　图 6-139

（3）按 Ctrl+L 组合键，弹出"色阶"对话框，选项的设置如图 6-140 所示。单击"确定"按钮，效果如图 6-141 所示。

图 6-140　　　　　　　　　　　图 6-141

（4）按 Ctrl+L 组合键，弹出"色阶"对话框，选项的设置如图 6-142 所示。单击"确定"按钮，效果如图 6-143 所示。

（5）选择"图像 > 调整 > 亮度 / 对比度"命令，在弹出的对话框中进行设置，如图 6-144 所示，单击"确定"按钮，效果如图 6-145 所示。

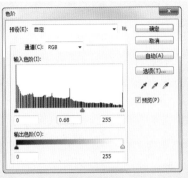

图 6-142 　　　　　　　　　　　图 6-143

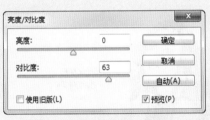

图 6-144 　　　　　　　　　　　图 6-145

（6）将前景色设为白色。选择"横排文字"工具 T，在适当的位置输入需要的文字并选取文字，在属性栏中选择合适的字体并设置大小，效果如图 6-146 所示，在"图层"控制面板中生成新的文字图层。

（7）选取文字。按 Ctrl+T 组合键，弹出"字符"面板，将"设置所选字符的字距调整"选项设置为 -35，单击"仿斜体"按钮 T，如图 6-147 所示，按 Enter 键确定操作，效果如图 6-148 所示。水墨画制作完成，效果如图 6-149 所示。

图 6-146 　　　　　　　　　　　图 6-147

图 6-148 　　　　　　　　　　　图 6-149

## 6.2.2 去色

选择"图像 > 调整 > 去色"命令，或按 Shift+Ctrl+U 组合键，可以去掉图像中的色彩，使图像变为灰度图，但图像的色彩模式并不改变。"去色"命令可以对图像的选区使用，对选区中的图像进行去掉图像色彩的处理。

## 6.2.3 课堂案例——制作时尚版画

【案例学习目标】学习使用"阈值调整"命令调整人物画。

【案例知识要点】使用阈值调整图像效果，使用"移动"工具添加文字，效果如图 6-150 所示。

图 6-150

（1）按 Ctrl+N 组合键，新建一个文件，宽度为 20 cm，高度为 13 cm，分辨率为 150 像素/英寸，背景内容为白色，新建文档。

（2）按 Ctrl + O 组合键，打开素材 01 文件。选择"移动"工具 ▶⊕，将 01 图像拖曳到新建的图像窗口中适当的位置，如图 6-151 所示，在"图层"控制面板中生成新的图层并将其命名为"人物"。按 Ctrl+J 组合键，生成新的副本图层，如图 6-152 所示。

图 6-151                    图 6-152

（3）选择"图像 > 调整 > 阈值"命令，在弹出的对话框中进行设置，如图 6-153 所示，单击"确定"按钮，效果如图 6-154 所示。

（4）新建图层并将其命名为"白色底图"。将前景色设为白色。按 Alt+Delete 组合键，用前景色填充图层，如图 6-155 所示。选择"椭圆"工具 ⚫，在属性栏中将"填充"颜色设为黑色，按住 Shift 键的同时，在图像窗口中拖曳鼠标绘制圆形，效果如图 6-156 所示，在"图层"控制面板中生成新的形状图层"椭圆 1"。

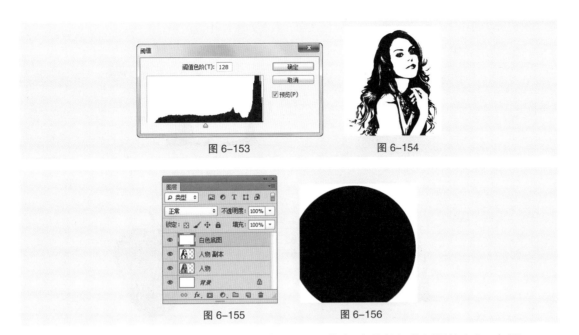

图 6-153      图 6-154

图 6-155      图 6-156

（5）在"图层"控制面板中，将"人物 副本"图层拖曳到"椭圆 1"图层的上方，如图 6-157 所示，效果如图 6-158 所示。按 Alt+Ctrl+G 组合键，创建剪贴蒙版，效果如图 6-159 所示。

图 6-157      图 6-158      图 6-159

（6）按 Ctrl + O 组合键，打开素材 02 文件。选择"移动"工具 ，将 02 图像拖曳到新建的图像窗口中适当的位置，如图 6-160 所示，在"图层"控制面板中生成新的图层并将其命名为"文字"。时尚版画制作完成，效果如图 6-161 所示。

图 6-160      图 6-161

## 6.2.4 阈值

"阈值"命令可以提高图像色调的反差度。

打开一幅图像，如图 6-162 所示。选择"图像 > 调整 > 阈值"命令，弹出图 6-163 所示的对话框，选项的设置如图 6-164 所示，单击"确定"按钮，效果如图 6-165 所示。

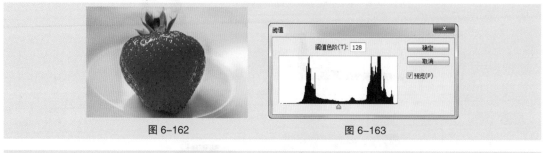

图 6-162　　　　　　　　　　　　　　图 6-163

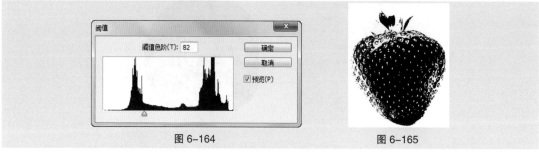

图 6-164　　　　　　　　　　　　　　图 6-165

阈值色阶：用于改变图像的阈值，系统将使大于阈值的像素变为白色，小于阈值的像素变为黑色，使图像具有高度反差。

# 6.3 "动作"控制面板调色

114

## 6.3.1　课堂案例——制作粉色甜美色调照片

【案例学习目标】学习使用"动作"控制面板调整图像颜色。
【案例知识要点】使用外挂动作制作甜美色调照片，效果如图 6-166 所示。

扫码观看
本案例视频

扫码观看
扩展案例

图 6-166

（1）按 Ctrl + O 组合键，打开素材 01 文件，如图 6-167 所示。选择"窗口 > 动作"命令，弹出"动作"控制面板，如图 6-168 所示。单击控制面板右上方的图标▼≡，在弹出的菜单中选择"载入动作"命令，在弹出的对话框中选择素材 02 文件，单击"载入"按钮，载入动作命令，如图 6-169 所示。

（2）单击"09"选项左侧的按钮▶，查看动作应用的步骤，如图 6-170 所示。选择"动作"控制面板中新动作的第一步，单击下方的"播放选定的动作"按钮 ▶ ，效果如图 6-171 所示。粉色甜美色调照片制作完成。

图 6-167 图 6-168 图 6-169

图 6-170 图 6-171

## 6.3.2 "动作"控制面板

"动作"控制面板可以对一批进行相同处理的图像执行批处理操作，以减少重复操作。

选择"窗口 > 动作"命令，或按 Alt+F9 组合键，弹出"动作"控制面板，如图 6-172 所示，包括"停止播放／记录"按钮 ■ 、"开始记录"按钮 ● 、"播放选定的动作"按钮 ▶ 、"创建新组"按钮 ▢ 、"创建新动作"按钮 ▤ 、"删除"按钮 🗑 。

单击"动作"控制面板右上方的图标 ▼≡ ，弹出其下拉命令菜单，如图 6-173 所示。

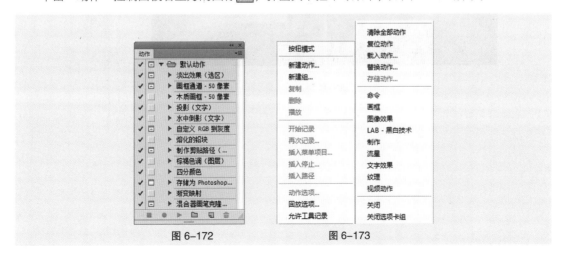

图 6-172 图 6-173

## 6.4　课堂练习——制作运动海报

【练习知识要点】使用"渐变"工具填充背景，使用"钢笔"工具绘制多边形，使用"移动"工具移动图像，使用"渐变映射"命令调整人物图像，如图 6-174 所示。

扫码观看
本案例视频

图 6-174

## 6.5　课后习题——制作精美黑白照

【习题知识要点】使用"去色"命令和"色阶"命令改变图像效果，使用"模糊"滤镜调整图像，使用"置入"命令置入图片，效果如图 6-175 所示。

扫码观看
本案例视频

图 6-175

# 第 7 章

07

# 合成

## ▶ 本章介绍

通过 Photoshop 的应用，可以将原本不可能在一起的东西合成到一起，展现出设计师们无与伦比的想象力，为生活添加乐趣。本章将主要介绍图层的混合模式、图层蒙版、剪贴蒙版、矢量蒙版和快速蒙版的应用。通过本章的学习，可以了解和掌握合成的方法与技巧，为今后的设计工作打下基础。

### 学习目标

● 熟练掌握图层混合模式的应用方法
● 掌握不同蒙版的应用技巧

### 技能目标

● 掌握"双重曝光照片"的制作方法
● 掌握"红蓝色调照片"的制作方法
● 掌握"情侣生活照片模板"的制作方法
● 掌握"圣诞宣传卡片"的制作方法
● 掌握"时尚蒙版画"的制作方法

慕课视频

合成

# 7.1 图层混合模式

图层混合模式在图像处理及效果制作中被广泛应用，特别是在多个图像合成方面更有其独特的作用及灵活性。

## 7.1.1 课堂案例——制作双重曝光照片

【案例学习目标】学习使用混合模式制作双重曝光效果。

【案例知识要点】使用"垂直翻转"命令翻转图片，使用图层蒙版、"渐变"工具和"混合模式"选项制作图片叠加效果，使用"横排文字"工具添加文字，效果如图7-1所示。

扫码观看
本案例视频

扫码观看
扩展案例

图 7-1

（1）按 Ctrl+O 组合键，打开素材 01 文件，如图 7-2 所示。将"背景"图层拖曳到控制面板下方的"创建新图层"按钮 上进行复制，生成新的图层"背景 副本"。

（2）按 Ctrl+T 组合键，在图像周围出现变换框，在变换框中单击鼠标右键，在弹出的菜单中选择"垂直翻转"命令，翻转图像并将其拖曳到适当的位置，按 Enter 键确定操作，效果如图 7-3 所示。

图 7-2

图 7-3

（3）在"图层"控制面板上方，将"背景 副本"图层的混合模式选项设为"明度"，如图7-4所示，效果如图7-5所示。单击"图层"控制面板下方的"添加图层蒙版"按钮 ，为图层添加蒙版，如图7-6所示。

（4）选择"渐变"工具 ，单击属性栏中的"点按可编辑渐变"按钮 ，弹出"渐变编辑器"对话框，将渐变色设为从黑色到白色，如图7-7所示，单击"确定"按钮。在副本图像上由下至上拖曳渐变色，松开鼠标，效果如图7-8所示。

（5）按 Ctrl + O 组合键，打开素材 02 文件。选择"移动"工具 ，将 02 图像拖曳到 01 图像窗口中适当的位置，如图7-9所示，在"图层"控制面板中生成新的图层并将其命名为"人物"。

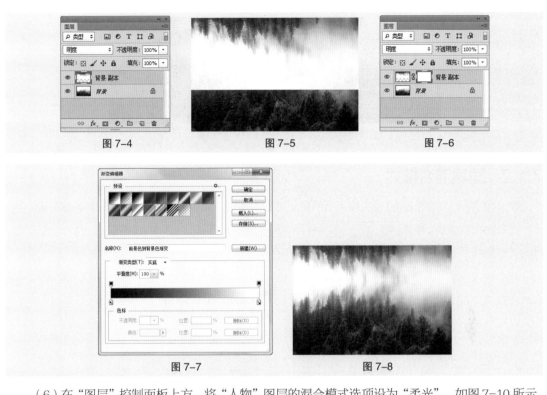

图 7-4 图 7-5 图 7-6

图 7-7 图 7-8

（6）在"图层"控制面板上方，将"人物"图层的混合模式选项设为"柔光"，如图 7-10 所示，图像效果如图 7-11 所示。

图 7-9 图 7-10 图 7-11

（7）将"人物"图层拖曳到控制面板下方的"创建新图层"按钮 📄 上进行复制，生成新的图层"人物 副本"。将该图层的混合模式选项设为"柔光"，如图 7-12 所示，图像效果如图 7-13 所示。

图 7-12 图 7-13

（8）将前景色设为绿色（12、92、61）。选择"横排文字"工具 T，在适当的位置输入需要的文字并选取文字，在属性栏中选择合适的字体并设置大小，效果如图 7-14 所示，在"图层"控制面板中生成新的文字图层。双重曝光照片制作完成，效果如图 7-15 所示。

| 图 7-14 | 图 7-15 |

## 7.1.2　图层混合模式

图层混合模式中的各种设置决定了当前图层中的图像与下面图层中的图像以何种模式进行混合。

在控制面板上方，单击 [正常 ▾] 选项设定图层的混合模式，包含有 27 种模式。打开一幅图像，如图 7-16 所示，"图层"控制面板如图 7-17 所示。

| 图 7-16 | 图 7-17 |

在对"鱼"图层应用不同的图层模式后，效果如图 7-18 所示。

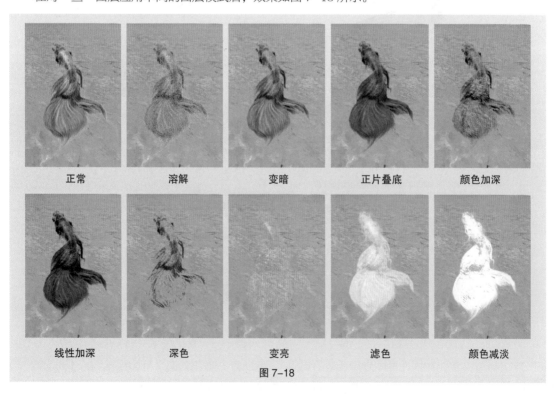

| 正常 | 溶解 | 变暗 | 正片叠底 | 颜色加深 |
| 线性加深 | 深色 | 变亮 | 滤色 | 颜色减淡 |

图 7-18

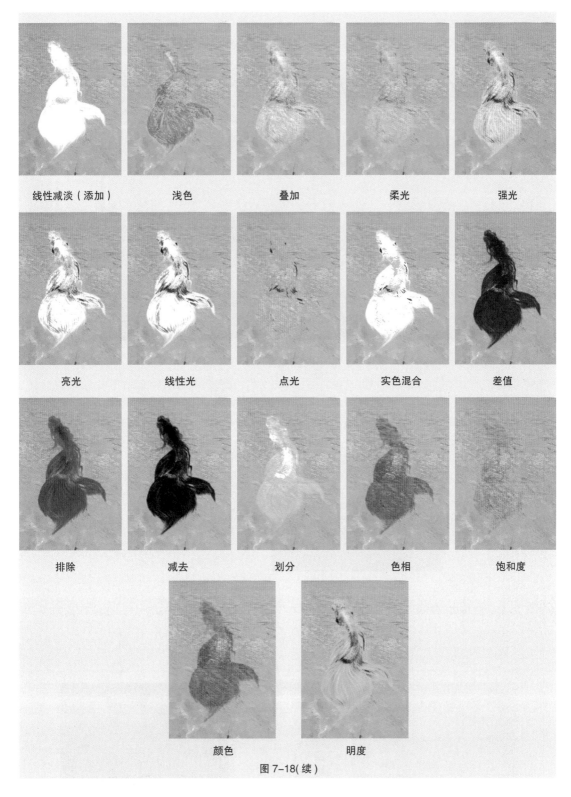

线性减淡（添加）　　浅色　　叠加　　柔光　　强光

亮光　　线性光　　点光　　实色混合　　差值

排除　　减去　　划分　　色相　　饱和度

颜色　　明度

图 7-18(续)

# 7.2 蒙版

## 7.2.1 课堂案例——制作红蓝色调照片

【案例学习目标】学习使用图层蒙版制作颜色遮罩效果。

【案例知识要点】使用图层蒙版、"画笔"工具和图层混合模式合成图片，效果如图7-19所示。

扫码观看
本案例视频

扫码观看
扩展案例

图7-19

（1）按Ctrl+O组合键，打开素材01文件，如图7-20所示。将"背景"图层拖曳到控制面板下方的"创建新图层"按钮 ⬚ 上进行复制，生成新的图层"背景 副本"，如图7-21所示。

图7-20

图7-21

（2）新建图层并将其命名为"纯色层1"。将前景色设为蓝色（6、149、249）。按Alt+Delete组合键，用前景色填充图层，效果如图7-22所示。在"图层"控制面板上方，将该图层的混合模式选项设为"减去"，如图7-23所示，图像效果如图7-24所示。

图7-22        图7-23

图7-24

（3）单击"图层"控制面板下方的"添加图层蒙版"按钮 ，为图层添加蒙版，如图 7-25 所示。将前景色设为黑色。选择"画笔"工具，在属性栏中单击"画笔"选项右侧的按钮，在弹出的面板中选择需要的画笔形状，设置如图 7-26 所示。在属性栏中将"不透明度"和"流量"选项均设为 50%，在图像窗口中拖曳鼠标擦除不需要的图像，效果如图 7-27 所示。

（4）用相同的方法制作"纯色层 2"图层。红蓝色调照片效果制作完成，效果如图 7-28 所示。

图 7-25    图 7-26    图 7-27    图 7-28

## 7.2.2 添加图层蒙版

单击"图层"控制面板下方的"添加图层蒙版"按钮，为图层添加蒙版，如图 7-29 所示。按住 Alt 键的同时，单击"图层"控制面板下方的"添加图层蒙版"按钮，为图层添加遮盖全图层的蒙版，如图 7-30 所示。

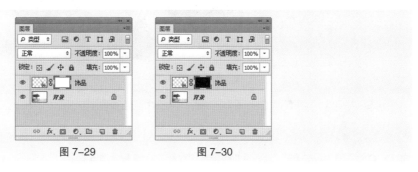

图 7-29    图 7-30

选择"图层 > 图层蒙版 > 显示全部"命令，也可以为图层添加蒙版。选择"图层 > 图层蒙版 > 隐藏全部"命令，也可以为图层添加遮盖全图层的蒙版。

## 7.2.3 隐藏图层蒙版

按住 Alt 键的同时，单击图层蒙版缩览图，图像将被隐藏，只显示蒙版缩览图中的效果，如图 7-31 所示，"图层"控制面板如图 7-32 所示。按住 Alt 键的同时，再次单击图层蒙版缩览图，将恢复图像。按住 Alt+Shift 组合键的同时，单击图层蒙版缩览图，将同时显示图像和图层蒙版的内容。

图 7-31    图 7-32

## 7.2.4 图层蒙版的链接

在"图层"控制面板中图层缩览图与图层蒙版缩览图之间存在链接图标 🔗，当图层图像与蒙版关联时，移动图像时蒙版会同步移动；单击链接图标 🔗，将不显示此图标，可以分别对图像与蒙版进行操作。

## 7.2.5 应用及删除图层蒙版

图 7-33

在"通道"控制面板中，双击"饰品蒙版"通道，弹出"图层蒙版显示选项"对话框，如图 7-33 所示，可以对蒙版的颜色和不透明度进行设置。

选择"图层 > 图层蒙版 > 停用"命令，或在按住 Shift 键的同时，单击"图层"控制面板中的图层蒙版缩览图，图层蒙版被停用，如图 7-34 所示，图像将全部显示，效果如图 7-35 所示。按住 Shift 键的同时，再次单击图层蒙版缩览图，将恢复图层蒙版，效果如图 7-36 所示。

图 7-34　　　　　　　图 7-35　　　　　　　图 7-36

选择"图层 > 图层蒙版 > 删除"命令，或在图层蒙版缩览图上单击鼠标右键，在弹出的下拉菜单中选择"删除图层蒙版"命令，可以将图层蒙版删除。

## 7.2.6 课堂案例——制作情侣生活照片模板

【案例学习目标】学习使用剪贴蒙版制作艺术照片。

【案例知识要点】使用"矩形"工具、图层样式和剪贴蒙版制作照片，使用"移动"工具添加装饰和文字，效果如图 7-37 所示。

扫码观看
本案例视频

扫码观看
扩展案例

图 7-37

（1）按 Ctrl+O 组合键，打开素材 01 文件，效果如图 7-38 所示。

（2）选择"矩形"工具 ■，在属性栏的"选择工具模式"选项中选择"形状"，将"填充"颜色设为白色，在图像窗口中拖曳鼠标绘制矩形，效果如图 7-39 所示，在"图层"控制面板中生成新的形状图层"矩形 1"。

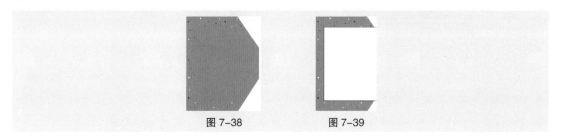

图 7-38　　　　　　图 7-39

（3）单击"图层"控制面板下方的"添加图层样式"按钮 *fx*，在弹出的菜单中选择"投影"命令，在弹出的对话框中进行设置，如图 7-40 所示，单击"确定"按钮，效果如图 7-41 所示。

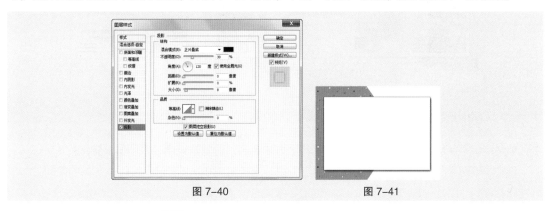

图 7-40　　　　　　　　图 7-41

（4）选择"矩形"工具 ■，在图像窗口中拖曳鼠标绘制矩形，在属性栏中将"填充"颜色设为灰色（155、163、172），效果如图 7-42 所示，在"图层"控制面板中生成新的形状图层"矩形 2"。

（5）按 Ctrl+O 组合键，打开素材 02 文件，选择"移动"工具 ▶+，将图片拖曳到图像窗口中适当的位置，如图 7-43 所示，在"图层"控制面板中生成新的图层并将其命名为"人物 1"。按 Alt+Ctrl+G 组合键，创建剪贴蒙版，效果如图 7-44 所示。

图 7-42　　　　　　图 7-43　　　　　　图 7-44

（6）选择"矩形"工具 ■，在图像窗口中拖曳鼠标绘制矩形，在属性栏中将"填充"颜色设为黑色，效果如图 7-45 所示，在"图层"控制面板中生成新的形状图层"矩形 3"。

（7）按 Ctrl+O 组合键，打开素材 03 文件，选择"移动"工具 ▶+，将图片拖曳到图像窗口中适当的位置，如图 7-46 所示，在"图层"控制面板中生成新的图层并将其命名为"人物 2"。按 Alt+Ctrl+G 组合键，创建剪贴蒙版，效果如图 7-47 所示。

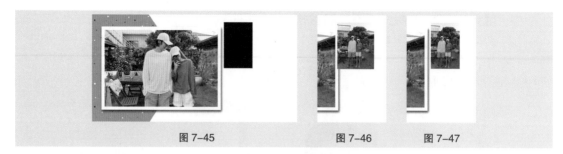

图 7-45　　　　　　　　　　　　图 7-46　　　　图 7-47

（8）用相同的方法制作右侧的 04 照片，效果如图 7-48 所示。按 Ctrl+O 组合键，打开素材 05、06 文件，选择"移动"工具 ，将图片分别拖曳到图像窗口中适当的位置，如图 7-49 所示，在"图层"控制面板中分别生成新的图层并将其命名为"装饰"和"文字"。情侣生活照片模板制作完成。

图 7-48　　　　　　　　　　　　图 7-49

## 7.2.7　剪贴蒙版

剪贴蒙版是使用某个图层的内容来遮盖其上方的图层，遮盖效果由基底图层决定。

打开一幅图像，如图 7-50 所示，"图层"控制面板如图 7-51 所示。按住 Alt 键的同时，将鼠标光标放置到"图片"和"形状"的中间位置，鼠标光标变为 图标，如图 7-52 所示。

图 7-50　　　　　　　　　图 7-51　　　　　　　　　图 7-52

单击鼠标左键，创建剪贴蒙版，如图 7-53 所示，效果如图 7-54 所示。选择"移动"工具 ，移动图像，效果如图 7-55 所示。

图 7-53　　　　　　　　　图 7-54　　　　　　　　　图 7-55

选中剪贴蒙版组上方的图层，选择"图层 > 释放剪贴蒙版"命令，或按 Alt+Ctrl+G 组合键，取消剪贴蒙版。

## 7.2.8 课堂案例——制作圣诞宣传卡片

【案例学习目标】学习使用矢量蒙版制作宣传卡主体。

【案例知识要点】使用"载入形状"命令载入形状图形，使用"自定形状"工具和"当前路径"命令为图层添加矢量蒙版，效果如图 7-56 所示。

图 7-56

扫码观看本案例视频

扫码观看扩展案例

（1）按 Ctrl+O 组合键，打开素材 01 文件，如图 7-57 所示。按 Ctrl+O 组合键，打开素材 02 文件。选择"移动"工具 ，将 02 图片拖曳到 01 图像窗口中适当的位置，并调整其大小，效果如图 7-58 所示，在"图层"控制面板中生成新的图层并将其命名为"图片"。

图 7-57                          图 7-58

（2）按 Ctrl+J 组合键，复制图层，如图 7-59 所示。单击"图片 副本"图层左侧的眼睛图标 ，隐藏图层。选择"图片"图层，如图 7-60 所示。

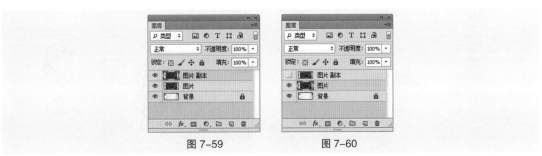

图 7-59                          图 7-60

（3）选择"自定形状"工具 ，在属性栏的"选择工具模式"选项中选择"路径"，单击"形状"选项右侧的按钮 ，弹出"形状"面板，单击面板右上方的按钮 ，在弹出的菜单中选择"载入形状"命令，弹出"载入"对话框，选择素材 03 文件，单击"载入"按钮，载入形状。在"形状"

面板中选中刚载入的形状，如图 7-61 所示。按住 Shift 键的同时，在图像窗口中拖曳鼠标绘制路径，如图 7-62 所示。

图 7-61　　　　　　　　　　　　图 7-62

（4）选择"图层 > 矢量蒙版 > 当前路径"命令，创建矢量蒙版，效果如图 7-63 所示。单击"图层"控制面板下方的"添加图层样式"按钮 **fx.**，在弹出的菜单中选择"斜面和浮雕"命令，在弹出的对话框中进行设置，如图 7-64 所示。

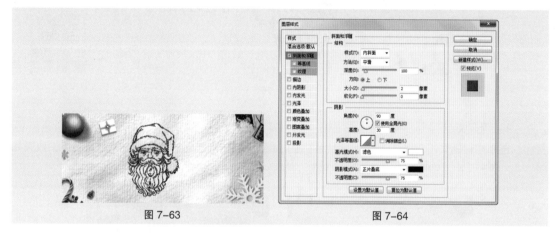

图 7-63　　　　　　　　　　　　图 7-64

（5）选择"投影"选项，切换到相应的对话框，选项的设置如图 7-65 所示，单击"确定"按钮，效果如图 7-66 所示。

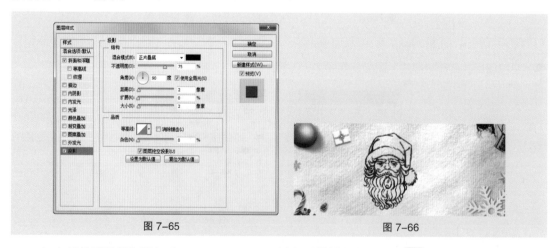

图 7-65　　　　　　　　　　　　图 7-66

（6）将前景色设为橘色（212、112、49）。选择"横排文字"工具 **T.**，在适当的位置输入需要的文字并选取文字，在属性栏中选择合适的字体并设置大小，效果如图 7-67 所示，在"图层"控制面板中生成新的文字图层。

（7）选取文字。按 Ctrl+T 组合键，弹出"字符"面板，将"设置所选字符的字距调整" VA 选项设置为 –55，单击"仿粗体"按钮 **T** 和"仿斜体"按钮 *T*，如图 7-68 所示，按 Enter 键确定操作，效果如图 7-69 所示。

（8）在"图片"图层上单击鼠标右键，在弹出的菜单中选择"拷贝图层样式"命令，复制图层样式。在"文字"图层上单击鼠标右键，在弹出的菜单中选择"粘贴图层样式"命令，粘贴图层样式，效果如图 7-70 所示。

图 7-67             图 7-68

图 7-69            图 7-70

（9）单击"图片 副本"左侧的空白图标 ▢，显示该图层，同时单击选取该图层，如图 7-71 所示。按 Alt+Ctrl+G 组合键，创建剪贴蒙版，效果如图 7-72 所示。圣诞宣传卡片制作完成。

图 7-71            图 7-72

## 7.2.9   矢量蒙版

打开一幅图像，如图 7-73 所示。选择"自定形状"工具 ▨，在属性栏的"选择工具模式"选项中选择"路径"选项，在形状选择面板中选中"模糊点 1"图形，如图 7-74 所示。

图 7-73                                    图 7-74

在图像窗口中绘制路径，如图 7-75 所示。选中"图层 1"。选择"图层 > 矢量蒙版 > 当前路径"命令，为图层添加矢量蒙版，如图 7-76 所示，效果如图 7-77 所示。选择"直接选择"工具 ，拖曳锚点可以修改路径的形状，从而修改蒙版的遮罩区域，如图 7-78 所示。

图 7-75                图 7-76                图 7-77                图 7-78

## 7.2.10 课堂案例——制作时尚蒙版画

【案例学习目标】学习使用快速蒙版制作蒙版画。

【案例知识要点】使用快速蒙版、"画笔"工具和"反向"命令制作图像画框，使用"横排文字"工具和"字符"面板添加文字，效果如图 7-79 所示。

扫码观看
本案例视频

扫码观看
扩展案例

图 7-79

（1）按 Ctrl+O 组合键，打开素材 01 文件，如图 7-80 所示。将"背景"图层拖曳到控制面板下方的"创建新图层"按钮 上进行复制，生成新的图层"背景 副本"，如图 7-81 所示。

图 7-80            图 7-81

（2）按 Ctrl + O 组合键，打开素材 02 文件。选择"移动"工具，将 02 图像拖曳到 01 图像窗口中适当的位置，如图 7-82 所示，在"图层"控制面板中生成新的图层并将其命名为"纹理"。

（3）在"图层"控制面板上方，将"纹理"图层的混合模式选项设为"正片叠底"，如图 7-83 所示，图像效果如图 7-84 所示。

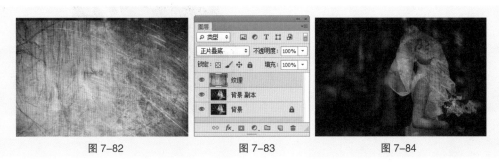

图 7-82        图 7-83        图 7-84

（4）单击"图层"控制面板下方的"添加图层蒙版"按钮，为图层添加蒙版，如图 7-85 所示。将前景色设为黑色。选择"画笔"工具，在属性栏中单击"画笔"选项右侧的按钮，在弹出的面板中选择需要的画笔形状，设置如图 7-86 所示。在图像窗口中拖曳鼠标擦除不需要的图像，效果如图 7-87 所示。

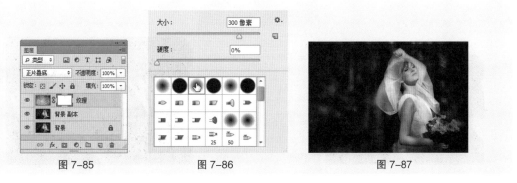

图 7-85        图 7-86        图 7-87

（5）新建图层并将其命名为"画笔"，填充为白色。单击工具箱下方的"以快速蒙版模式编辑"按钮，进入蒙版状态。选择"画笔"工具，在属性栏中单击"画笔"选项右侧的按钮，弹出画笔选择面板，单击面板右上方的按钮，在弹出的菜单中选择"粗画笔"选项，弹出提示对话框，单击"追加"按钮。在画笔选择面板中选择需要的画笔形状，如图 7-88 所示。在图像窗口中拖曳鼠标绘制图像，效果如图 7-89 所示。

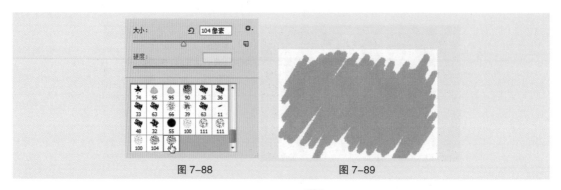

图 7-88　　　　　　　　　　　　图 7-89

（6）单击工具箱下方的"以标准模式编辑"按钮，恢复到标准编辑状态，图像窗口中生成选区，如图 7-90 所示。按 Shift+Ctrl+I 组合键，将选区反选。按 Delete 键，删除选区中的图像。按 Ctrl+D 组合键，取消选区，效果如图 7-91 所示。

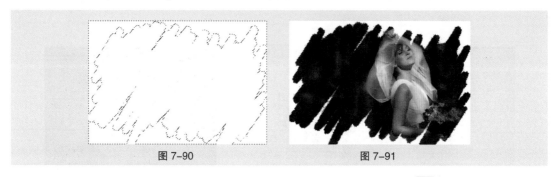

图 7-90　　　　　　　　　　　　图 7-91

（7）将前景色设为橙色（245、210、152）。选择"横排文字"工具，在适当的位置分别输入文字并选取文字，在属性栏中选择合适的字体并设置文字大小，效果如图 7-92 所示，在"图层"控制面板中分别生成新的文字图层。选取"Wedding"文字。按 Ctrl+T 组合键，弹出"字符"面板，将"设置所选字符的字距调整"选项设置为 96，如图 7-93 所示，按 Enter 键确定操作，效果如图 7-94 所示。

图 7-92　　　　　　　图 7-93　　　　　　　图 7-94

（8）选取"Being the most……"文字。在"字符"面板中，将"设置行距"选项设置为 10.8 点，"设置所选字符的字距调整"选项设置为 96，单击"仿斜体"按钮，如图 7-95 所示，按 Enter 键确定操作，效果如图 7-96 所示。时尚蒙版画制作完成，效果如图 7-97 所示。

图 7-95　　　　　　　　图 7-96　　　　　　　　图 7-97

## 7.2.11　快速蒙版

打开一幅图像，如图7-98所示。选择"魔棒"工具，在图像窗口中单击图像生成选区，如图7-99所示。

图 7-98　　　　　　　　图 7-99

单击工具箱下方的"以快速蒙版模式编辑"按钮，进入蒙版状态，选区暂时消失，图像的未选择区域变为红色，如图7-100所示。"通道"控制面板中将自动生成快速蒙版，如图7-101所示。快速蒙版图像如图7-102所示。

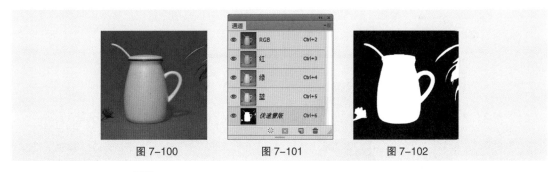

图 7-100　　　　　　　　图 7-101　　　　　　　　图 7-102

选择"画笔"工具，在属性栏中进行设置，如图7-103所示。将不需要的区域绘制成黑色，图像效果和快速蒙版如图7-104和图7-105所示。

图 7-103　　　　　　　　图 7-104　　　　　　　　图 7-105

## 7.3　课堂练习——制作女孩生活照片模板

【练习知识要点】使用"矩形"工具、图层样式和剪贴蒙版制作相框，使用"照片滤镜"命令调整图片色调，效果如图 7-106 所示。

扫码观看
本案例视频

图 7-106

## 7.4　课后习题——制作时尚宣传卡片

【习题知识要点】使用"载入形状"命令载入形状图形，使用"自定形状"工具和"当前路径"命令为图层添加矢量蒙版，效果如图 7-107 所示。

扫码观看
本案例视频

图 7-107

Photoshop CS6 核心应用案例教程（全彩慕课版）

# 第 8 章

08

## 特效

### ▶ 本章介绍

  Photoshop 处理图像的功能十分强大，不同的工具和命令搭配，可以制作出不同的具有视觉冲击力的图像，达到吸引人们眼球的目的。本章将主要介绍图层样式、3D 工具和滤镜的应用。通过本章的学习，可以了解和掌握特效的制作方法与技巧，使普通图片更加具有想象力和魅力。

#### 学习目标

- 熟练掌握图层样式的应用
- 了解 3D 工具的使用
- 掌握常用滤镜的应用

#### 技能目标

- 掌握"艺术效果字"的制作方法
- 掌握"酷炫海报"的制作方法
- 掌握"水彩画"的制作方法
- 掌握"美女照片"的制作方法
- 掌握"油画照片"的制作方法
- 掌握"网点照片"的制作方法
- 掌握"震撼的视觉照片"的制作方法
- 掌握"把模糊照片变清晰"的方法
- 掌握"艺术照片"的制作方法

慕课视频

特效

# 8.1 图层样式

Photoshop CS6 提供了多种图层样式可供选择，可以单独为图像添加一种样式，也可以同时为图像添加多种样式，从而产生丰富的变化。

## 8.1.1 课堂案例——制作艺术效果字

【案例学习目标】学习使用图层样式制作艺术效果字。

【案例知识要点】使用"横排文字"工具添加文字，使用多种图层样式和"创建剪贴蒙版"命令制作艺术效果字，效果如图 8-1 所示。

扫码观看
本案例视频

扫码观看
扩展案例

图 8-1

（1）按 Ctrl+N 组合键，新建一个文件，宽度为 14.4 cm，高度为 9.6 cm，分辨率为 150 像素 / 英寸，背景内容为白色，新建文档。

（2）选择"油漆桶"工具 ，单击属性栏中的 前景 按钮，在弹出的选项中选择"图案"，单击右侧的按钮 ，弹出图案选择面板，单击右上方的按钮 ，在弹出的菜单中选择"彩色纸"命令，弹出提示对话框，单击"追加"按钮。在面板中选择需要的图案，如图 8-2 所示。在图像窗口中单击填充图案，效果如图 8-3 所示。

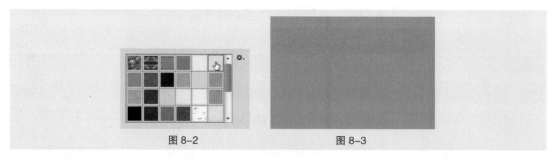

图 8-2　　　　　　　　　　　图 8-3

（3）将前景色设为白色。选择"横排文字"工具 T ，在适当的位置输入需要的文字并选取文字，在属性栏中选择合适的字体并设置文字大小，效果如图 8-4 所示，在"图层"控制面板中生成新的文字图层。

（4）选择"Photo"文字。按 Ctrl+T 组合键，弹出"字符"面板，将"设置所选字符的字距调整"

选项设置为 25，如图 8-5 所示，按 Enter 键确定操作，效果如图 8-6 所示。

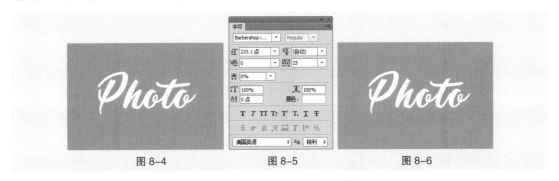

图 8-4         图 8-5         图 8-6

（5）单击"图层"控制面板下方的"添加图层样式"按钮 **fx.**，在弹出的菜单中选择"描边"命令，弹出对话框，将描边颜色设为白色，其他选项的设置如图 8-7 所示。选择"内阴影"选项，切换到相应的对话框中，选项的设置如图 8-8 所示，单击"确定"按钮，效果如图 8-9 所示。

（6）选择"文件 > 置入"命令，弹出"置入"对话框，选择素材 01 文件，单击"置入"按钮，将图片置入到图像窗口中，并调整其位置、大小和角度，按 Enter 键确定操作，效果如图 8-10 所示，在"图层"控制面板中生成新的图层并将其命名为"光影"。

（7）按 Alt+Ctrl+G 组合键，创建剪贴蒙版，效果如图 8-11 所示。按 Ctrl + O 组合键，打开素材 02 文件。选择"移动"工具 ▶+，将 02 图像拖曳到新建的图像窗口中适当的位置，如图 8-12 所示，在"图层"控制面板中生成新的图层并将其命名为"装饰"。

图 8-7                       图 8-8

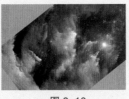

图 8-9       图 8-10       图 8-11       图 8-12

（8）在文字图层上单击鼠标右键，在弹出的菜单中选择"拷贝图层样式"命令，拷贝图层样式。在"装饰"图层上单击鼠标右键，在弹出的菜单中选择"粘贴图层样式"命令，粘贴图层样式，效果如图 8-13 所示。

（9）单击"图层"控制面板下方的"添加图层样式"按钮 **fx.**，在弹出的菜单中选择"投影"命令，在弹出的对话框中进行设置，如图 8-14 所示，单击"确定"按钮，效果如图 8-15 所示。选择"光影"图层，按 Ctrl+J 组合键，复制并生成副本图层，如图 8-16 所示。将副本图层拖曳到所有图层的上方，如图 8-17 所示。

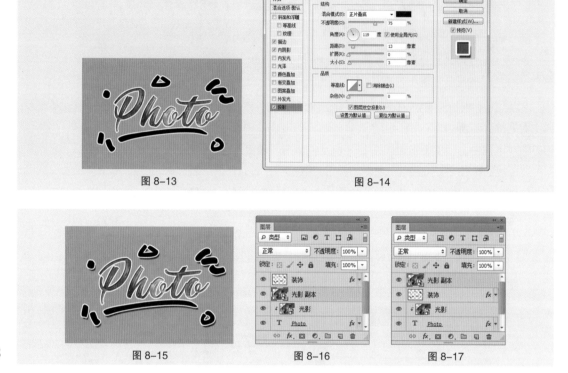

图 8-13　　　　　　　　　　　　　　　图 8-14

图 8-15　　　　　　　　图 8-16　　　　　　　　图 8-17

（10）按 Ctrl+T 组合键，在副本图像周围出现变换框，拖曳控制手柄调整其大小和角度，按 Enter 键确定操作，效果如图 8-18 所示。按 Alt+Ctrl+G 组合键，创建剪贴蒙版，效果如图 8-19 所示。艺术效果字制作完成。

图 8-18　　　　　　　　　　　　图 8-19

## 8.1.2　图层样式

单击"图层"控制面板右上方的图标▼≡，在弹出的面板菜单中选择"混合选项"，弹出对话框，如图 8-20 所示。可以对当前图层进行特殊效果的处理。单击左侧的任意选项，切换到相应的对话框中进行设置。还可以单击"图层"控制面板下方的"添加图层样式"按钮 fx.，弹出其菜单命令，如图 8-21 所示，选择相应的命令，在弹出的对话框中进行设置。

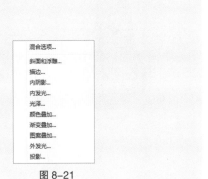

图 8-20                                              图 8-21

"斜面和浮雕"命令用于使图像产生一种斜面与浮雕的效果;"描边"命令用于为图像描边;"内阴影"命令用于使图像内部产生阴影效果。3 种命令的效果如图 8-22 所示。

斜面和浮雕                描边                      内阴影

图 8-22

"内发光"命令用于在图像的边缘内部产生一种辉光效果;"光泽"命令用于使图像产生一种光泽的效果;"颜色叠加"命令用于使图像产生一种颜色叠加效果。3 种命令的效果如图 8-23所示。

内发光                  光泽                      颜色叠加

图 8-23

"渐变叠加"命令用于使图像产生一种渐变叠加效果;"图案叠加"命令用于在图像上添加图案效果;"外发光"命令用于在图像的边缘外部产生一种辉光效果;"投影"命令用于使图像产生阴影效果。4 种命令的效果如图 8-24 所示。

渐变叠加　　　　　　　　图案叠加　　　　　　　　外发光　　　　　　　　　投影

图 8-24

## 8.2 "3D" 工具

### 8.2.1 课堂案例——制作酷炫海报

【案例学习目标】学习使用"3D"命令制作酷炫图像。

【案例知识要点】使用"3D"命令制作图像酷炫效果，使用"多边形"工具绘制装饰图形，使用"色阶"命令调整图像色调，使用"横排文字"工具添加文字信息，效果如图 8-25 所示。

图 8-25

扫码观看
本案例视频

扫码观看
扩展案例

（1）按 Ctrl + N 组合键，新建一个文件，宽度为 20 cm，高度为 9.5 cm，分辨率为 100 像素 / 英寸，颜色模式为 RGB，背景内容为白色，新建文档。

（2）按 Ctrl + O 组合键，打开素材 01 文件，如图 8-26 所示。选择"3D > 从图层新建网格 > 深度映射到 > 平面"命令，效果如图 8-27 所示。

图 8-26

图 8-27

（3）在"3D"控制面板中选择"当前视图"，其他选项的设置如图 8-28 所示。选择"场景"命令，在属性面板中单击"样式"，在弹出的菜单中选择"未照亮的纹理"，如图 8-29 所示，图像效果如图 8-30 所示。在"图层"控制面板中将图像转换为智能对象。

图 8-28　　　　　　　图 8-29　　　　　　　图 8-30

（4）选择"移动"工具 ，将图片拖曳到新建窗口中适当的位置，并调整其大小，效果如图 8-31 所示，在"图层"控制面板中生成新的图层并将其命名为"图片"。将"图片"图层拖曳到控制面板下方的"创建新图层"按钮 上进行复制，生成新的副本图层。在图像窗口中调整其大小，效果如图 8-32 所示。

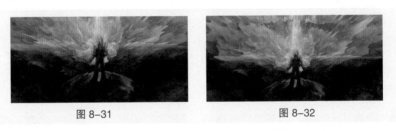

图 8-31　　　　　　　　　　　　图 8-32

（5）单击"图层"控制面板下方的"添加图层蒙版"按钮 ，为图层添加蒙版。将前景色设为黑色。选择"画笔"工具 ，在属性栏中单击"画笔"选项右侧的按钮 ，在弹出的面板中选择需要的画笔形状，设置如图 8-33 所示，在图像窗口中拖曳鼠标擦除不需要的图像，效果如图 8-34 所示。

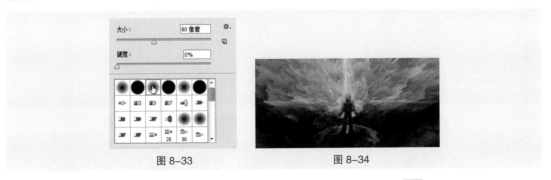

图 8-33　　　　　　　　　　图 8-34

（6）单击"图层"控制面板下方的"创建新的填充或调整图层"按钮 ，在弹出的菜单中选择"色彩平衡"命令，在"图层"控制面板中生成"色彩平衡 1"图层，同时在弹出的"色彩平衡"面板中进行设置，如图 8-35 所示，按 Enter 键确定操作，效果如图 8-36 所示。

图 8-35                                    图 8-36

（7）单击"图层"控制面板下方的"创建新的填充或调整图层"按钮 ，在弹出的菜单中选择"亮度/对比度"命令，在"图层"控制面板中生成"亮度/对比度 1"图层，同时在弹出的"亮度/对比度"面板中进行设置，如图 8-37 所示，按 Enter 键确定操作，效果如图 8-38 所示。

图 8-37                                    图 8-38

（8）选择"横排文字"工具 T，在适当的位置输入需要的文字并选取文字，在属性栏中选择合适的字体并设置大小，效果如图 8-39 所示，在"图层"控制面板中生成新的文字图层。选取文字，按 Alt+ →方向键，调整文字间距，效果如图 8-40 所示。

图 8-39                                    图 8-40

（9）单击"图层"控制面板下方的"添加图层样式"按钮 fx，在弹出的菜单中选择"描边"命令，弹出对话框，将描边颜色设为白色，其他选项的设置如图 8-41 所示。选择"投影"选项，切换到相应的对话框，选项的设置如图 8-42 所示，单击"确定"按钮，效果如图 8-43 所示。

（10）按 Ctrl+O 组合键，打开素材 02 文件，选择"移动"工具 ，将 02 图片拖曳到新建的图像窗口中适当的位置，如图 8-44 所示，在"图层"控制面板中生成新的图层并将其命名为"星云"。

（11）按 Alt+Ctrl+G 组合键，为图层创建剪贴蒙版，效果如图 8-45 所示。将前景色设为暗蓝色（27、49、87）。选择"横排文字"工具 T，在适当的位置输入需要的文字并选取文字，在属性栏中选择合适的字体并设置大小，按 Alt+ →方向键，调整文字间距，效果如图 8-46 所示，在"图层"控制面板中生成新的文字图层。

图 8-41　　　　　　　　　　　图 8-42

图 8-43　　　　　　　　　　　图 8-44

图 8-45　　　　　　　　　　　图 8-46

（12）选择"直线"工具 ⁄，在属性栏的"选择工具模式"选项中选择"形状"，按住 Shift 键的同时，在图像窗口中绘制直线，效果如图 8-47 所示，在"图层"控制面板中生成形状图层。选择"移动"工具 ▸⊹，按住 Alt 键的同时，在图像窗口中拖曳直线，复制直线，效果如图 8-48 所示。

图 8-47　　　　　　　　　　　图 8-48

（13）将前景色设为白色。选择"横排文字"工具 T，在适当的位置输入需要的文字并选取文字，在属性栏中选择合适的字体并设置大小，按 Alt+ →方向键，调整文字间距，效果如图 8-49 所示，在"图层"控制面板中生成新的文字图层。

图 8-49

（14）单击"图层"控制面板下方的"添加图层样式"按钮 ƒx.，在弹出的菜单中选择"投影"命令，在弹出的对话框中进行设置，如图 8-50 所示，单击"确定"按钮，效果如图 8-51 所示。

图 8-50        图 8-51

（15）将前景色设为白色。选择"横排文字"工具 T，在适当的位置分别输入需要的文字并选取文字，在属性栏中分别选择合适的字体并设置大小，按 Alt+ →方向键，调整文字间距，效果如图8-52 所示，在"图层"控制面板中分别生成新的文字图层。

图 8-52

（16）按 Ctrl+O 组合键，打开素材 03 文件，选择"移动"工具 ，将 03 图片拖曳到新建的图像窗口中适当的位置，如图 8-53 所示，在"图层"控制面板中生成新的图层并将其命名为"图标"。酷炫海报制作完成，效果如图 8-54 所示。

图 8-53        图 8-54

## 8.2.2 创建 3D 对象

在 Photoshop CS6 中可以将平面图像转换为各种预设形状，如平面、双面平面、圆柱体、球体。只有将图层变为 3D 图层后，才能使用"3D"工具和命令。

打开一幅图像，如图 8-55 所示。选择"3D > 从图层新建网格 > 深度映射到"命令，弹出图 8-56 所示的子菜单，选择需要的命令可以创建不同的 3D 对象，如图 8-57 所示。

图 8-55        图 8-56

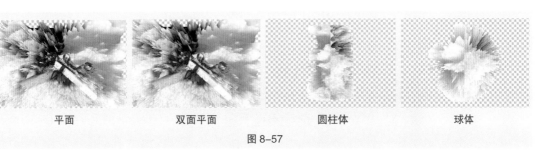

| 平面 | 双面平面 | 圆柱体 | 球体 |

图 8-57

# 8.3 "滤镜"菜单及其应用

Photoshop CS6 的"滤镜"菜单下提供了多种滤镜，选择这些滤镜命令，可以制作出奇妙的图像效果。单击"滤镜"菜单，弹出图 8-58 所示的下拉菜单。

Photoshop CS6"滤镜"菜单被分为 6 部分，并用横线划分开。

第 1 部分为最近一次使用的滤镜，没有使用滤镜时，此命令为灰色，不可选择。使用了任意一种滤镜后，当需要重复使用这种滤镜时，直接选择这种滤镜或按 Ctrl+F 组合键即可。

第 2 部分为转换为智能滤镜，可以随时修改滤镜操作。

第 3 部分为 7 种 Photoshop CS6 滤镜，每个滤镜的功能都十分强大。

第 4 部分为 9 种 Photoshop CS6 滤镜组，每个滤镜组中都包含多个子滤镜。

第 5 部分为 Digimarc 滤镜。

第 6 部分为浏览联机滤镜。

| 上次滤镜操作(F) | Ctrl+F |
| 转换为智能滤镜(S) | |
| 滤镜库(G)... | |
| 自适应广角(A)... | Alt+Shift+Ctrl+A |
| Camera Raw 滤镜(C)... | Shift+Ctrl+A |
| 镜头校正(R)... | Shift+Ctrl+R |
| 液化(L)... | Shift+Ctrl+X |
| 油画(O)... | |
| 消失点(V)... | Alt+Ctrl+V |
| 风格化 | ▶ |
| 模糊 | ▶ |
| 扭曲 | ▶ |
| 锐化 | ▶ |
| 视频 | ▶ |
| 像素化 | ▶ |
| 渲染 | ▶ |
| 杂色 | ▶ |
| 其它 | ▶ |
| Digimarc | ▶ |
| 浏览联机滤镜... | |

图 8-58

## 8.3.1 课堂案例——制作水彩画

【案例学习目标】学习使用不同的滤镜命令制作水彩画。

【案例知识要点】使用"干画笔"滤镜为图片添加特殊效果，使用"喷溅"滤镜晕染图像，使用图层蒙版和"画笔"工具制作局部遮罩，效果如图 8-59 所示。

扫码观看
本案例视频

扫码观看
扩展案例

图 8-59

（1）按 Ctrl + O 组合键，打开素材 01 文件，如图 8-60 所示。将"背景"图层拖曳到控制面板下方的"创建新图层"按钮  上进行复制，生成新的图层"背景 副本"，如图 8-61 所示。

图 8-60                          图 8-61

（2）选择"滤镜 > 滤镜库"命令，在弹出的对话框中进行设置，如图 8-62 所示，单击"确定"按钮，效果如图 8-63 所示。

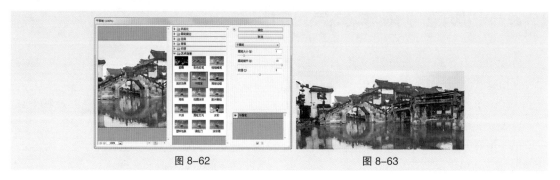

图 8-62                          图 8-63

（3）选择"滤镜 > 模糊 > 特殊模糊"命令，在弹出的对话框中进行设置，如图 8-64 所示，单击"确定"按钮，效果如图 8-65 所示。

图 8-64                          图 8-65

（4）选择"滤镜 > 滤镜库"命令，在弹出的对话框中进行设置，如图 8-66 所示，单击"确定"按钮，效果如图 8-67 所示。

图 8-66                          图 8-67

（5）按 Ctrl+J 组合键，复制"背景 副本"图层，生成新的图层并将其命名为"效果"。选择"滤镜 > 风格化 > 查找边缘"命令，查找图像边缘，图像效果如图 8-68 所示，"图层"控制面板如图 8-69 所示。

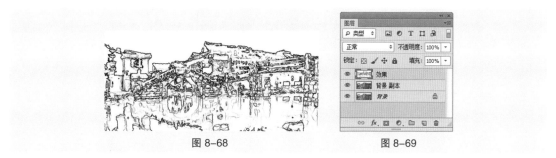

图 8-68　　　　　　　　　　　　　　　　　图 8-69

（6）在"图层"控制面板上方，将该图层的混合模式选项设为"正片叠底"，"不透明度"选项设为 50%，如图 8-70 所示，按 Enter 键确定操作，图像效果如图 8-71 所示。

图 8-70　　　　　　　　　　　　　　　　图 8-71

（7）按住 Ctrl 键的同时，选择"效果"图层和"背景 副本"图层。按 Ctrl+E 组合键，合并图层并将其命名为"画"。选择"滤镜 > 滤镜库"命令，在弹出的对话框中进行设置，如图 8-72 所示，单击"确定"按钮，效果如图 8-73 所示。

图 8-72　　　　　　　　　　　　　　　　图 8-73

（8）单击"图层"控制面板下方的"创建新的填充或调整图层"按钮 ，在弹出的菜单中选择"曲线"命令，在"图层"控制面板中生成"曲线 1"图层。同时弹出"曲线"面板，设置如图 8-74 所示，按 Enter 键确定操作，图像效果如图 8-75 所示。

（9）单击"图层"控制面板下方的"创建新的填充或调整图层"按钮 ，在弹出的菜单中选择"色彩平衡"命令，在"图层"控制面板中生成"色彩平衡 1"图层。同时弹出"色彩平衡"面板，设置如图 8-76 所示，按 Enter 键确定操作，图像效果如图 8-77 所示。

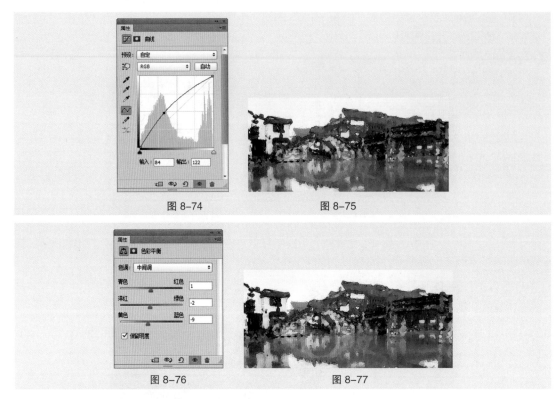

图 8-74　　　　　　　　　　图 8-75

图 8-76　　　　　　　　　　图 8-77

（10）选择"文件 > 置入"命令，弹出"置入"对话框，选择素材 02 文件，单击"置入"按钮，将图片置入到图像窗口中，并拖曳到适当的位置，按 Enter 键确定操作，效果如图 8-78 所示，在"图层"控制面板中生成新的图层并将其命名为"纹理"，如图 8-79 所示。

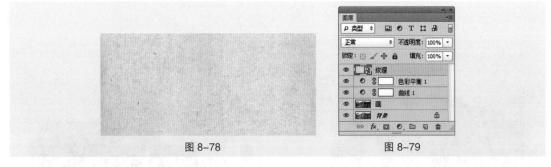

图 8-78　　　　　　　　　　图 8-79

（11）单击"图层"控制面板下方的"添加图层蒙版"按钮 ，为图层添加蒙版，如图 8-80 所示。将前景色设为黑色。选择"画笔"工具 ，在属性栏中单击"画笔"选项右侧的按钮 ，弹出画笔选择面板，单击右上方的按钮 ，在弹出的菜单中选择"载入画笔"命令，弹出对话框，选择素材 03 文件，单击"确定"按钮。在弹出的面板中选择载入的画笔形状，如图 8-81 所示。在属性栏中将"不透明度"选项设为 80%，在图像窗口中拖曳鼠标擦除不需要的图像，效果如图 8-82 所示。

（12）选择"横排文字"工具 ，在适当的位置输入需要的文字并选取文字，在属性栏中选择合适的字体并设置大小，效果如图 8-83 所示，在"图层"控制面板中生成新的文字图层。

（13）选择"07/30 David"文字。按 Ctrl+T 组合键，弹出"字符"面板，将"设置行距"选项设置为 11.6 点，"设置所选字符的字距调整"选项设置为 25，如图 8-84 所示，按 Enter 键确定操作，效果如图 8-85 所示。

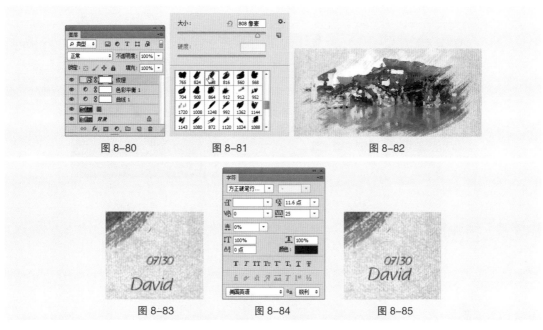

图 8-80 图 8-81 图 8-82

图 8-83 图 8-84 图 8-85

（14）按 Ctrl+T 组合键，在图像周围出现变换框，将指针放在变换框的控制手柄外边，指针变为旋转图标 ↰，拖曳鼠标将图像旋转到适当的角度，按 Enter 键确定操作，效果如图 8-86 所示。水彩画制作完成，效果如图 8-87 所示。

图 8-86 图 8-87

## 8.3.2 干画笔

使用"干画笔"滤镜可以产生一种干涩的油画效果。

打开一幅图像，如图 8-88 所示。选择"滤镜 > 滤镜库"命令，弹出图 8-89 所示的对话框，可以设置笔刷的大小、细节和纹理，如图 8-90 所示，单击"确定"按钮，效果如图 8-91 所示。

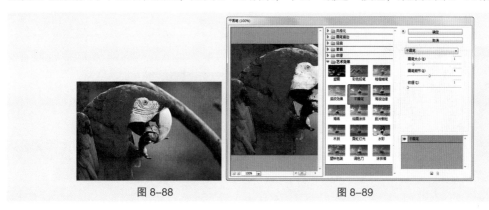

图 8-88 图 8-89

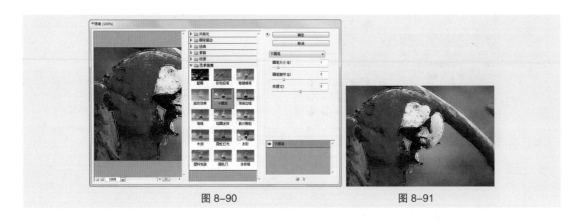

图 8-90                                            图 8-91

### 8.3.3 特殊模糊

使用"特殊模糊"滤镜可以产生一种清晰边界的模糊效果，能够找出图像边缘并只模糊图像边界线内的区域。

### 8.3.4 喷溅

使用"喷溅"滤镜可以产生画面颗粒飞溅的沸水效果，类似于用喷枪在画面上喷出许多小彩点。该滤镜多用于制作水中镜像效果。

打开一幅图像，如图 8-92 所示。选择"滤镜 > 滤镜库"命令，弹出图 8-93 所示的对话框，可以设置笔刷的喷色半径和平滑度，设置如图 8-94 所示，单击"确定"按钮，效果如图 8-95 所示。

图 8-92                                            图 8-93

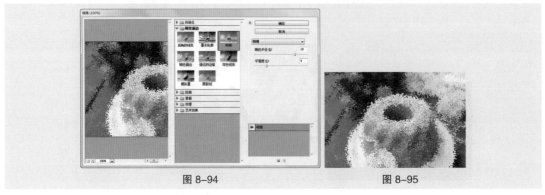

图 8-94                                            图 8-95

## 8.3.5 查找边缘

使用"查找边缘"滤镜可以搜寻图像的主要颜色变化区域并强化其过渡像素，产生一种用铅笔勾描轮廓的效果。

打开一幅图像，如图 8-96 所示。选择"滤镜 > 风格化 > 查找边缘"命令，查找图像边缘，效果如图 8-97 所示。

图 8-96　　　　　　　　　　　图 8-97

## 8.3.6 课堂案例——制作美女照片

【案例学习目标】学习使用"液化"滤镜制作美女照片。

【案例知识要点】使用"矩形选框"工具绘制选区，使用"变形"命令调整图像，使用"液化"滤镜调整脸型，效果如图 8-98 所示。

图 8-98

（1）按 Ctrl + O 组合键，打开素材 01 文件，如图 8-99 所示。将"背景"图层拖曳到控制面板下方的"创建新图层"按钮 上进行复制，生成新的副本图层，如图 8-100 所示。

图 8-99　　　　　　　　　　　图 8-100

（2）选择"滤镜 > 液化"命令，弹出对话框，选择"褶皱"工具，将"画笔大小"选项设为 200，在预览窗口中拖曳鼠标，调整鼻子和嘴的大小，如图 8-101 所示。

（3）选择"膨胀"工具，将"画笔大小"选项设为 200，在预览窗口中拖曳鼠标，调整眼睛的大小，如图 8-102 所示。

图 8-101　　　　　　　　　　　图 8-102

（4）选择"向前变形"工具，将"画笔大小"选项设为 200，"画笔压力"选项设为 50，在预览窗口中拖曳鼠标，调整人物脸部，如图 8-103 所示。单击"确定"按钮，效果如图 8-104 所示。美女照片制作完成。

图 8-103　　　　　　　　　　　图 8-104

### 8.3.7　液化

使用"液化"滤镜可以制作出各种类似液化的图像变形效果。

打开一幅图像，如图 8-105 所示。选择"滤镜 > 液化"命令，或按 Shift+Ctrl+X 组合键，弹出"液化"对话框，勾选右侧的"高级模式"复选框，如图 8-106 所示。

左侧的工具箱由上至下分别为"向前变形"工具、"重建"工具、"顺时针旋转扭曲"工具、"褶皱"工具、"膨胀"工具、"左推"工具、"冻结蒙版"工具、"解冻蒙版"工具、"抓手"工具和"缩放"工具。

<table>
<tr><td>图 8-105</td><td>图 8-106</td></tr>
</table>

工具选项组："画笔大小"选项用于设定所选工具的笔触大小；"画笔密度"选项用于设定画笔的浓重度；"画笔压力"选项用于设定画笔的压力，压力越小，变形的过程越慢；"画笔速率"选项用于设定画笔的绘制速度；"光笔压力"选项用于设定压感笔的压力。

重建选项组："重建"按钮用于对变形的图像进行重置；"恢复全部"按钮用于将图像恢复到打开时的状态。

蒙版选项组：用于选择通道蒙版的形式。单击"无"按钮，将不制作蒙版；单击"全部蒙住"按钮，将为全部的区域制作蒙版；单击"全部反相"按钮，将解冻蒙版区域并冻结剩余的区域。

视图选项组：勾选"显示图像"复选框可以显示图像；勾选"显示网格"复选框可以显示网格，"网格大小"选项用于设置网格的大小，"网格颜色"选项用于设置网格的颜色；勾选"显示蒙版"复选框可以显示蒙版，"蒙版颜色"选项用于设置蒙版的颜色；勾选"显示背景"复选框，在"使用"选项的下拉列表中可以选择"所有图层"，在"模式"选项的下拉列表中可以选择不同的模式，在"不透明度"选项中可以设置不透明度。

在对话框中对图像进行变形，如图 8-107 所示，单击"确定"按钮，图像效果如图 8-108所示。

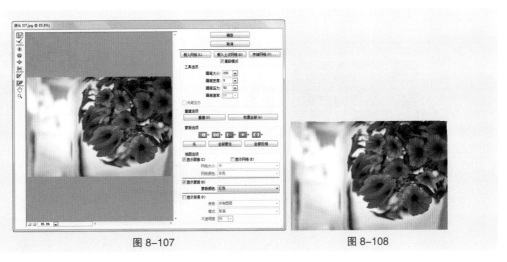

<table>
<tr><td>图 8-107</td><td>图 8-108</td></tr>
</table>

### 8.3.8　课堂案例——制作油画照片

【案例学习目标】学习使用"油画"滤镜制作油画图像。

【案例知识要点】使用"油画"滤镜制作油画效果，使用"色阶"命令调整图像，效果如图 8-109 所示。

扫码观看
本案例视频

扫码观看
扩展案例

图 8-109

（1）按 Ctrl + O 组合键，打开素材 01 文件，如图 8-110 所示。将"背景"图层拖曳到控制面板下方的"创建新图层"按钮 ▣ 上进行复制，生成新的图层"背景 副本"，如图 8-111 所示。

图 8-110　　　　　　　　　　　　图 8-111

（2）选择"滤镜 > 油画"命令，在弹出的对话框中进行设置，如图 8-112 所示，单击"确定"按钮，效果如图 8-113 所示。

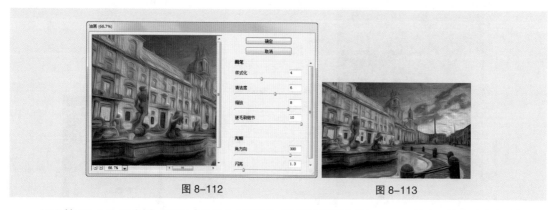

图 8-112　　　　　　　　　　　　图 8-113

（3）按 Ctrl+L 组合键，弹出"色阶"对话框，选项的设置如图 8-114 所示。单击"确定"按钮，效果如图 8-115 所示。油画照片制作完成。

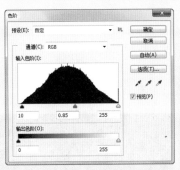

图 8-114                    图 8-115

## 8.3.9　油画

使用"油画"滤镜可以将照片或图片制作成油画效果。

打开一幅图像，如图 8-116 所示。选择"滤镜 > 油画"命令，弹出图 8-117 所示的对话框，可以设置笔刷的样式化、清洁度、缩放、硬毛刷细节、角方向和闪亮情况。设置如图 8-118 所示，单击"确定"按钮，图像效果如图 8-119 所示。

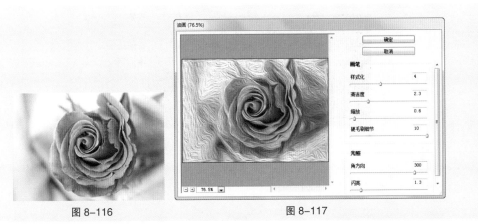

图 8-116                                    图 8-117

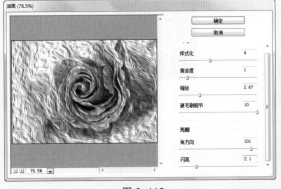

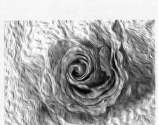

图 8-118                              图 8-119

## 8.3.10 课堂案例——制作网点照片

【案例学习目标】学习使用"彩色半调"滤镜制作网点图像。

【案例知识要点】使用"彩色半调"滤镜制作网点图像，使用"色阶"命令调整图像效果，使用"镜头光晕"滤镜添加光晕，效果如图 8-120 所示。

扫码观看
本案例视频

扫码观看
扩展案例

图 8-120

（1）按 Ctrl + O 组合键，打开素材 01 文件，如图 8-121 所示。将"背景"图层拖曳到控制面板下方的"创建新图层"按钮  上进行复制，生成新的图层并将其命名为"人物"，如图 8-122 所示。

图 8-121          图 8-122

（2）选择"滤镜 > 像素化 > 彩色半调"命令，在弹出的对话框中进行设置，如图 8-123 所示，单击"确定"按钮，效果如图 8-124 所示。

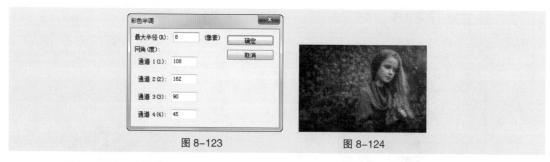

图 8-123          图 8-124

（3）选择"滤镜 > 模糊 > 高斯模糊"命令，在弹出的对话框中进行设置，如图 8-125 所示，单击"确定"按钮，效果如图 8-126 所示。

（4）在"图层"控制面板上方，将该图层的混合模式选项设为"柔光"，如图 8-127 所示，图像效果如图 8-128 所示。

（5）按 D 键，恢复默认前景色和背景色。选择"背景"图层。按 Ctrl+J 组合键，复制"背景"图层，生成新的图层并将其命名为"人物 2"，然后将其拖曳到"人物"图层的上方，如图 8-129 所示。

图 8-125　　　　　　　　　　　　图 8-126

图 8-127　　　　　　　　　　图 8-128　　　　　　　　　图 8-129

（6）选择"滤镜 > 滤镜库"命令，在弹出的对话框中进行设置，如图 8-130 所示，单击"确定"按钮，效果如图 8-131 所示。

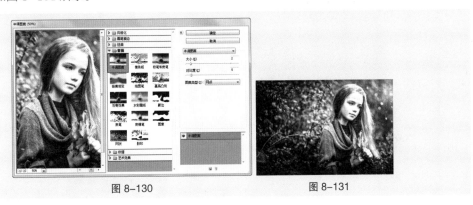

图 8-130　　　　　　　　　　　　　图 8-131

（7）选择"滤镜 > 渲染 > 镜头光晕"命令，在弹出的对话框中进行设置，如图 8-132 所示，单击"确定"按钮，效果如图 8-133 所示。

图 8-132　　　　　　　　　　　　图 8-133

（8）在"图层"控制面板上方，将"人物 2"图层的混合模式选项设为"变暗"，如图 8-134 所示，图像效果如图 8-135 所示。

图 8-134　　　　　　　　图 8-135

（9）选择"滤镜 > 模糊 > 光圈模糊"命令，进入编辑界面，在图像窗口中调整圆钉，如图 8-136 所示，"模糊工具"面板的设置如图 8-137 所示，单击属性栏中的"确定"按钮，效果如图 8-138 所示。

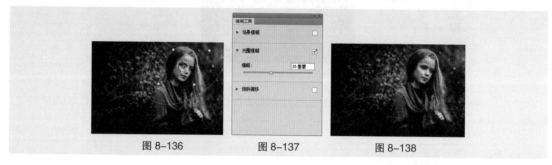

图 8-136　　　　图 8-137　　　　图 8-138

（10）将前景色设为白色。选择"横排文字"工具 T，在适当的位置输入需要的文字并选取文字，在属性栏中选择合适的字体并设置大小，效果如图 8-139 所示，在"图层"控制面板中生成新的文字图层。

（11）选择"Sarah 07/02"文字。按 Ctrl+T 组合键，弹出"字符"面板，将"设置行距"选项设置为 48.5 点，"设置所选字符的字距调整"选项设置为 -35，如图 8-140 所示，按 Enter 键确定操作，效果如图 8-141 所示。网点照片制作完成，效果如图 8-142 所示。

图 8-139　　　　　　・　图 8-140

图 8-141　　　　　　图 8-142

### 8.3.11　高斯模糊

"高斯模糊"滤镜的模糊程度比较强烈，使用该滤镜可以在很大程度上对图像进行高斯模糊处理，使图像产生难以辨认的模糊效果。

### 8.3.12　光圈模糊

使用"光圈模糊"滤镜可以将椭圆焦点范围之外的图像模糊。

### 8.3.13　彩色半调

使用"彩色半调"滤镜可以产生彩色网点效果。

打开一幅图像，如图 8-143 所示。选择"滤镜 > 像素化 > 彩色半调"命令，弹出图 8-144 所示的对话框。

图 8-143　　　　　　　　　　图 8-144

"最大半径（R）"选项用于最大像素填充的设置，它控制着网格大小。"网角（度）"选项用于设定屏蔽度数，4 个通道分别代表填入颜色之间的角度。

对话框的设置如图 8-145 所示，单击"确定"按钮，效果如图 8-146 所示。

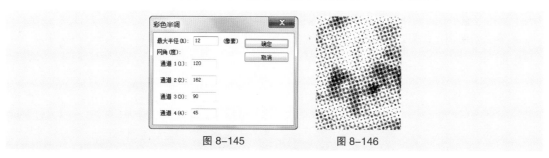

图 8-145　　　　　　　　　图 8-146

### 8.3.14　半调图案

通过"半调图案"滤镜可以使用前景色和背景色在当前图像中产生网板图案的效果。

打开一幅图像，如图 8-147 所示。选择"滤镜 > 滤镜库"命令，弹出对话框，设置如图 8-148 所示。

"大小"选项用于调节网格间距的大小。此参数取值越大，产生的网格间距也越大。"对比度"选项用于调节前景色的对比度。"图案类型"选项用于选择图案的类型。

对话框的设置如图 8-149 所示，单击"确定"按钮，效果如图 8-150 所示。

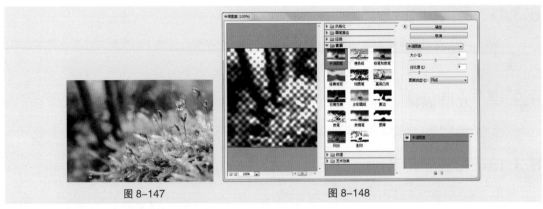

图 8-147　　　　　　　　　　　　　　图 8-148

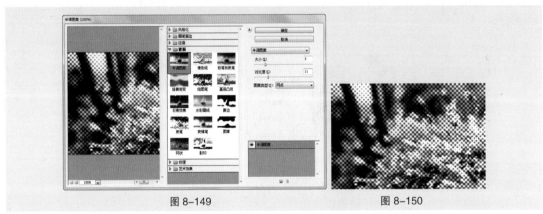

图 8-149　　　　　　　　　　　　　　图 8-150

### 8.3.15　镜头光晕

使用"镜头光晕"滤镜可以产生摄像机镜头炫光的效果，它可自动调节摄像机炫光的位置。

打开一幅图像，如图 8-151 所示。选择"滤镜 > 渲染 > 镜头光晕"命令，弹出图 8-152 所示的对话框。

图 8-151　　　　　　　　　　　　　　图 8-152

在预览框中可以通过拖动十字光标来设定炫光位置。"亮度"选项用于控制斑点的亮度大小。此参数设置得过高时，整个画面会变成一片白色。"光晕中心"选项可通过拖动十字光标来设定炫光位置。"镜头类型"选项组用于设定摄像机镜头的类型。

对话框的设置如图 8-153 所示，单击"确定"按钮，效果如图 8-154 所示。

图 8-153　　　　　　　　　　　　　图 8-154

## 8.3.16　课堂案例——制作震撼的视觉照片

【案例学习目标】学习使用"极坐标"滤镜制作震撼的视觉效果。

【案例知识要点】使用"极坐标"滤镜扭曲图像，使用"裁剪"工具裁剪图像，使用图层蒙版和"画笔"工具修饰照片，效果如图 8-155 所示。

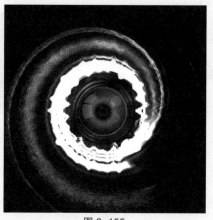

扫码观看
本案例视频

扫码观看
扩展案例

图 8-155

（1）按 Ctrl + O 组合键，打开素材 01 文件，如图 8-156 所示。将"背景"图层拖曳到控制面板下方的"创建新图层"按钮 上进行复制，生成新的图层并将其命名为"旋转"，如图 8-157所示。

图 8-156　　　　　　　　　　　　图 8-157

（2）选择"裁剪"工具，属性栏中的设置如图 8-158 所示，在图像窗口中适当的位置拖曳出一个裁切区域，如图 8-159 所示。按 Enter 键确定操作，效果如图 8-160 所示。

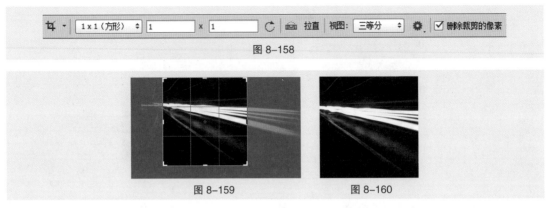

图 8-158

图 8-159　　　　　　图 8-160

（3）选择"滤镜 > 扭曲 > 极坐标"命令，在弹出的对话框中进行设置，如图 8-161 所示，单击"确定"按钮，效果如图 8-162 所示。按 Ctrl+T 组合键，在图像周围出现变换框，将鼠标指针放在变换框的控制手柄上，向外拖曳控制手柄调整其大小，按 Enter 键确定操作，效果如图 8-163 所示。

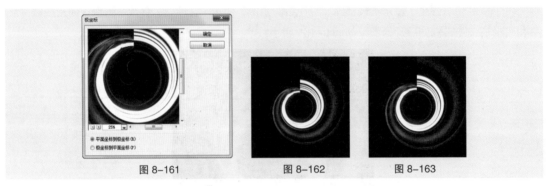

图 8-161　　　　　　图 8-162　　　　　　图 8-163

（4）将"旋转"图层拖曳到控制面板下方的"创建新图层"按钮 回 上进行复制，生成新的图层"旋转 副本"，如图 8-164 所示。

（5）按 Ctrl+T 组合键，在图像周围出现变换框，将鼠标指针放在变换框的控制手柄外边，指针变为旋转图标 ↰，拖曳鼠标将图像旋转到适当的角度，按 Enter 键确定操作，效果如图 8-165 所示。

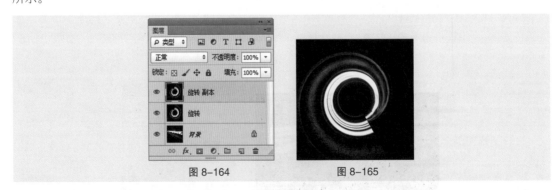

图 8-164　　　　　　图 8-165

（6）单击"图层"控制面板下方的"添加图层蒙版"按钮 ◙ ，为图层添加蒙版，如图 8-166 所示。将前景色设为黑色。选择"画笔"工具 ✐ ，在属性栏中单击"画笔"选项右侧的按钮 ，在弹出的面板中选择需要的画笔形状，设置如图 8-167 所示。在属性栏中将"不透明度"选项设为 80%，在图像窗口中拖曳鼠标擦除不需要的图像，效果如图 8-168 所示。

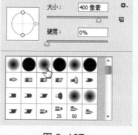

图 8-166 图 8-167 图 8-168

（7）按住 Ctrl 键的同时，选择"旋转 副本"和"旋转"图层。按 Ctrl+E 组合键，合并图层并将其命名为"底图"。按 Ctrl+J 组合键，复制"底图"图层，生成新的图层"底图 副本"，如图 8-169所示。

（8）选择"滤镜 > 扭曲 > 波浪"命令，在弹出的对话框中进行设置，如图 8-170 所示，单击"确定"按钮，效果如图 8-171 所示。在"图层"控制面板上方，将副本图层的混合模式选项设为"颜色减淡"，如图 8-172 所示，图像效果如图 8-173 所示。

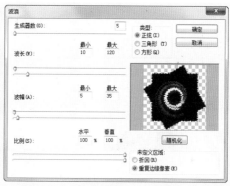

图 8-169 图 8-170

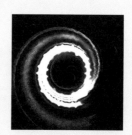

图 8-171 图 8-172 图 8-173

（9）按 Ctrl+O 组合键，打开素材 02 文件，选择"移动"工具，将 02 图片拖曳到 01 图像窗口中适当的位置，如图 8-174 所示，在"图层"控制面板中生成新的图层并将其命名为"镜头"。将该图层拖曳到"底图"图层的上方，如图 8-175 所示，图像效果如图 8-176 所示。震撼的视觉照片制作完成。

图 8-174 　　　　　　　図 8-175 　　　　　　　图 8-176

### 8.3.17　波浪

"波浪"滤镜是 Photoshop 中比较复杂的一个滤镜，它通过选择不同的波长以产生不同的波动效果。

打开一幅图像，如图 8-177 所示。选择"滤镜 > 扭曲 > 波浪"命令，弹出图 8-178 所示的对话框。

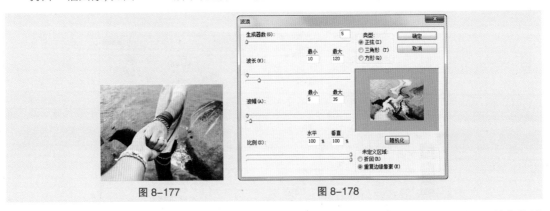

图 8-177 　　　　　　　　　　图 8-178

"生成器数"选项用于控制产生波的总数。此参数设置得越高，产生的图像越模糊。"波长"选项，用于控制波峰的间距，有两个选项；"波幅"选项用于调节产生波的波幅，它与上一个参数的设置相同；"比例"选项用于决定水平、垂直方向的变形度。"类型"选项组用于规定波的形状。"未定义区域"选项组用于设定未定义区域的类型。

对话框的设置如图 8-179 所示，单击"确定"按钮，效果如图 8-180 所示。

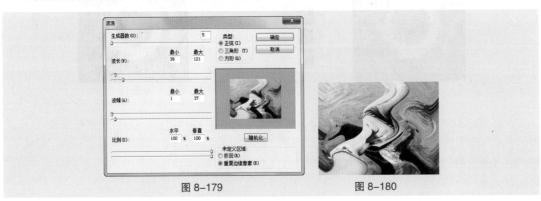

图 8-179 　　　　　　　　　图 8-180

## 8.3.18　极坐标

使用"极坐标"滤镜可以出现图像坐标从直角坐标转为极坐标，或从极坐标转为直角坐标所产生的效果。它能将直的物体拉弯，圆形物体拉直。

## 8.3.19　课堂案例——把模糊照片变清晰

【案例学习目标】学习使用"USM 锐化"命令锐化图像。

【案例知识要点】使用"USM 锐化"命令调整照片的清晰度，使用"色相/饱和度"命令和"色阶"命令调整图像色调，效果如图 8-181 所示。

扫码观看
本案例视频

扫码观看
扩展案例

图 8-181

（1）按 Ctrl + O 组合键，打开素材 01 文件，如图 8-182 所示。按 Ctrl+J 组合键，复制"背景"图层，生成新的图层"图层 1"，如图 8-183 所示。

图 8-182　　　　　　　图 8-183

（2）选择"滤镜 > 锐化 > USM 锐化"命令，在弹出的对话框中进行设置，如图 8-184 所示，单击"确定"按钮，效果如图 8-185 所示。

图 8-184　　　　　　　图 8-185

（3）单击"图层"控制面板下方的"创建新的填充或调整图层"按钮 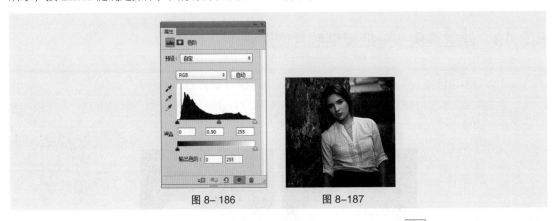，在弹出的菜单中选择"色阶"命令，在"图层"控制面板中生成"色阶1"图层。同时弹出"色阶"面板，设置如图8-186所示，按Enter键确定操作，图像效果如图8-187所示。

图8-186　　　　　　　图8-187

（4）单击"图层"控制面板下方的"创建新的填充或调整图层"按钮 ，在弹出的菜单中选择"亮度/对比度"命令，在"图层"控制面板中生成"亮度/对比度1"图层。同时弹出"亮度/对比度"面板，设置如图8-188所示，按Enter键确定操作，图像效果如图8-189所示。把模糊照片变清晰制作完成。

图8-188　　　　　　　图8-189

## 8.3.20　USM 锐化

使用"USM 锐化"滤镜可以产生边缘轮廓锐化的效果。

打开一幅图像，如图8-190所示。选择"滤镜 > 锐化 > USM 锐化"命令，弹出图8-191所示的对话框，可以设置锐化的数量、半径和阈值。设置如图8-192所示，单击"确定"按钮，效果如图8-193所示。

图8-190　　　　　　　图8-191

图 8-192

图 8-193

## 8.3.21 课堂案例——制作艺术照片

【案例学习目标】学习使用添加"杂色"滤镜制作图像艺术效果。

【案例知识要点】使用"添加杂色"滤镜添加照片杂色，使用"照片滤镜"命令为图像加色，效果如图 8-194 所示。

图 8-194

扫码观看
本案例视频

扫码观看
扩展案例

（1）按 Ctrl + O 组合键，打开素材 01 文件，如图 8-195 所示。按 Ctrl+J 组合键，复制"背景"图层，生成新的图层"图层 1"，如图 8-196 所示。

图 8-195

图 8-196

（2）在"图层"控制面板上方，将该图层的混合模式选项设为"柔光"，如图 8-197 所示，图像效果如图 8-198 所示。

（3）选择"滤镜 > 杂色 > 添加杂色"命令，在弹出的对话框中进行设置，如图 8-199 所示，单击"确定"按钮，效果如图 8-200 所示。

图 8-197 　　　　　　　　　　　 图 8-198

图 8-199 　　　　　　　　　　　 图 8-200

（4）选择"滤镜 > 其他 > 高反差保留"命令，在弹出的对话框中进行设置，如图 8-201 所示，单击"确定"按钮，效果如图 8-202 所示。

图 8-201 　　　　　　　　　　　 图 8-202

（5）选择"图像 > 调整 > 照片滤镜"命令，在弹出的对话框中进行设置，如图 8-203 所示，单击"确定"按钮，效果如图 8-204 所示。艺术照片制作完成。

图 8-203 　　　　　　　　　　　 图 8-204

## 8.3.22　添加杂色

使用"添加杂色"滤镜可以在处理的图像中增加一些细小的颗粒状像素。

打开一幅图像，如图 8-205 所示。选择"滤镜 > 杂色 > 添加杂色"命令，弹出图 8-206 所示的对话框。

| 图 8-205 | 图 8-206 |

"数量"选项用于控制增加噪波的数量，参数值越大，效果越明显。"分布"选项组用于选择干扰属性。"平均分布"选项为统一属性。"高斯分布"选项为高斯模式。"单色"选项用于控制单色噪波的色素。

对话框的设置如图 8-207 所示，单击"确定"按钮，效果如图 8-208 所示。

| 图 8-207 | 图 8-208 |

### 8.3.23　高反差保留

使用"高反差保留"滤镜可以删除图像中亮度逐渐变化的部分，并保留色彩变化最大的部分。

## 8.4　课堂练习——制作星云特效

【练习知识要点】使用"3D"命令制作图像酷炫效果，使用"多边形"工具绘制装饰图形，使用"色阶"命令调整图像色调，使用"横排文字"工具添加文字信息，效果如图 8-209 所示。

扫码观看
本案例视频

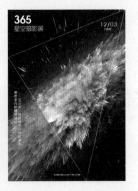

图 8-209

【习题知识要点】使用"矩形选框"工具绘制选区，使用"变形"命令调整图像，使用"液化"滤镜调整脸型，效果如图 8-210 所示。

扫码观看
本案例视频

图 8-210

# 第 9 章

# 商业案例

## ▶ 本章介绍

　　本章结合多个应用领域商业案例的实际应用，通过项目背景、项目要求、项目设计和项目制作进一步详解了 Photoshop 强大的应用功能和制作技巧。通过本章的学习，可以快速地掌握商业案例设计的理念和软件的技术要点，设计制作出专业的案例。

### 学习目标

- 掌握软件基础知识的使用方法
- 了解 Photoshop 的常用设计领域
- 掌握 Photoshop 在不同设计领域的使用技巧

### 技能目标

- 掌握"摄像图标"的制作方法
- 掌握"音乐 App 界面"的制作方法
- 掌握"饮品宣传单"的制作方法
- 掌握"女鞋电商广告"的制作方法
- 掌握"时尚杂志封面"的制作方法
- 掌握"面包包装广告"的制作方法
- 掌握"教育网页"的制作方法

慕课视频

商业案例

# 9.1 制作摄像图标

## 9.1.1 项目背景

### 1. 客户名称

微迪设计公司。

### 2. 客户需求

扫码观看 本案例视频1　扫码观看 本案例视频2　扫码观看 本案例视频3　扫码观看 详细步骤　扫码观看 扩展案例

微迪设计公司是一家集 UI 设计、LOGO 设计、VI 设计和界面设计于一体的设计公司，得到了众多客户的一致好评。公司现阶段需要为新开发的摄像机设计一款图标，要求使用立体化的形式表达出图标特征，使其具有极高的辨识度。

## 9.1.2 项目要求

（1）使用浅色的背景突出图标，醒目直观。

（2）立体化、拟物化的设计辨识度高，让人一目了然。

（3）设计风格简约，颜色搭配合理，给人以品质感。

（4）设计规格为 1 020 像素（宽）×1 020 像素（高），分辨率为 72 像素 / 英寸。

## 9.1.3 项目设计

本项目设计流程如图 9-1 所示。

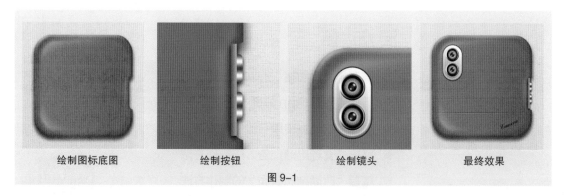

绘制图标底图　　　　　绘制按钮　　　　　绘制镜头　　　　　最终效果

图 9-1

## 9.1.4 项目要点

使用"油漆桶"工具填充背景图案，使用"圆角矩形"工具、"矩形"工具和组合按钮制作按钮，使用图层样式添加特殊效果，使用"画笔"工具、图层蒙版和滤镜命令制作图形材质。

## 9.1.5 项目制作

### 1. 绘制图标底图（见图 9-2 ~ 图 9-10）

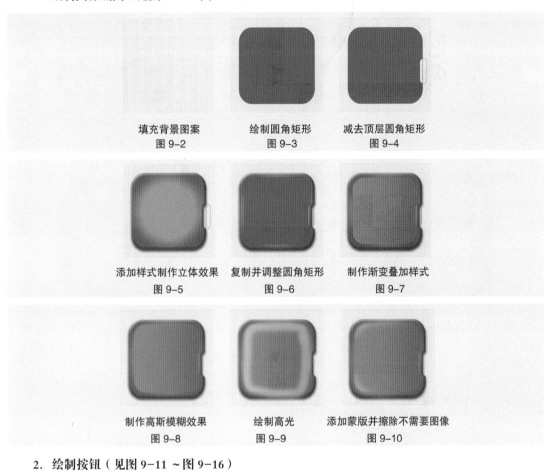

填充背景图案
图 9-2

绘制圆角矩形
图 9-3

减去顶层圆角矩形
图 9-4

添加样式制作立体效果
图 9-5

复制并调整圆角矩形
图 9-6

制作渐变叠加样式
图 9-7

制作高斯模糊效果
图 9-8

绘制高光
图 9-9

添加蒙版并擦除不需要图像
图 9-10

### 2. 绘制按钮（见图 9-11 ~ 图 9-16）

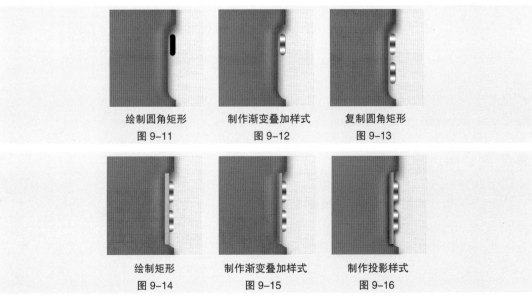

绘制圆角矩形
图 9-11

制作渐变叠加样式
图 9-12

复制圆角矩形
图 9-13

绘制矩形
图 9-14

制作渐变叠加样式
图 9-15

制作投影样式
图 9-16

**3. 添加线条和文字（见图 9-17～图 9-22）**

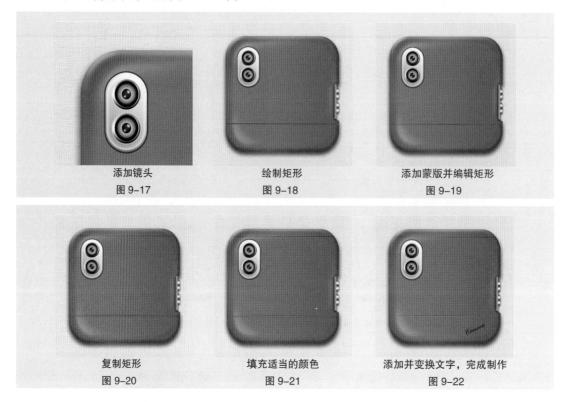

添加镜头
图 9-17

绘制矩形
图 9-18

添加蒙版并编辑矩形
图 9-19

复制矩形
图 9-20

填充适当的颜色
图 9-21

添加并变换文字，完成制作
图 9-22

# 9.2 制作音乐 App 界面

## 9.2.1 项目背景

**1. 客户名称**

时限设计公司。

**2. 客户需求**

扫码观看
本案例视频 1

扫码观看
本案例视频 2

扫码观看
本案例视频 3

扫码观看
详细步骤

扫码观看
扩展案例

时限设计公司是一家以 App 制作、平面设计、网页设计等为主的设计工作室，深受广大用户的喜爱和信任。公司最近要设计一款客户端 App 界面，界面要求主题突出、功能全面。

## 9.2.2 项目要求

（1）界面设计要求美观精致，功能按钮齐全。

（2）使用深色背景搭配浅色文字，观看舒适。

（3）画面以歌手写真为背景，效果独特。

（4）设计规格为 652 像素（宽）×1 134 像素（高），分辨率为 72 像素 / 英寸。

### 9.2.3　项目设计

本项目设计流程如图 9-23 所示。

绘制图标背景　　　　添加介绍文字　　　　添加 CD 光盘　　　　最终效果

图 9-23

### 9.2.4　项目要点

使用"渐变"工具添加底图颜色，使用"置入"命令置入图片，使用图层蒙版和"渐变"工具制作图片融合，使用图层样式为图形添加特殊效果，使用"横排文字"工具添加文字，使用"钢笔"工具、"椭圆"工具和"直线"工具绘制基本形状。

### 9.2.5　项目制作

**1.　制作背景图（见图 9-24 ～图 9-28）**

填充渐变　　　　　添加图片　　　　添加蒙版并融合图片　　　调整不透明度

图 9-24　　　　　　图 9-25　　　　　　图 9-26　　　　　　图 9-27

添加信息栏

图 9-28

## 2. 制作歌曲内容和圆形（见图 9-29 ~ 图 9-39）

输入文字
图 9-29

绘制折线
图 9-30

绘制圆形
图 9-31

绘制斜线
图 9-32

绘制三角形
图 9-33

输入并调整文字
图 9-34

绘制直线
图 9-35

绘制圆形
图 9-36

调整不透明度
图 9-37

复制圆形并调整不透明度，调整大小
图 9-38

复制两个圆形
图 9-39

**3. 制作控制按钮和文字（见图 9-40～图 9-54）**

| 添加内圆 | 绘制圆形 | 添加锚点 |
|:---:|:---:|:---:|
| 图 9-40 | 图 9-41 | 图 9-42 |

| 删除锚点 | 添加投影样式 | 调整不透明度 |
|:---:|:---:|:---:|
| 图 9-43 | 图 9-44 | 图 9-45 |

| 复制弧形并调整描边粗细 | 添加投影样式 | 删除锚点 |
|:---:|:---:|:---:|
| 图 9-46 | 图 9-47 | 图 9-48 |

| 绘制圆形 | 拷贝图层样式 | 添加调整按钮 |
|:---:|:---:|:---:|
| 图 9-49 | 图 9-50 | 图 9-51 |

| 输入并调整文字 | 绘制斜线 | 添加播放器，完成制作 |
|:---:|:---:|:---:|
| 图 9-52 | 图 9-53 | 图 9-54 |

# 9.3 制作饮品宣传单

## 9.3.1 项目背景

### 1. 客户名称

凉凉饮品店。

扫码观看本案例视频1　扫码观看本案例视频2　扫码观看详细步骤　扫码观看扩展案例

**2. 客户需求**

凉凉饮品店是一家生产、经营和销售各种饮料的饮品店。本例是为饮品店设计制作的新品宣传单，要求能突出体现宣传的主题，同时符合清凉、冰爽的宣传特点。

## 9.3.2 项目要求

（1）使用蓝色的背景色，营造出清凉、舒适的氛围。

（2）图片和文字相互搭配，展示出产品的口味和特色，体现出新鲜、清爽的特点。

（3）整体设计简单大方，颜色清爽明快，易使人产生购买欲望。

（4）设计规格均为 210mm（宽）×297mm（高），分辨率为 120 像素 / 英寸。

## 9.3.3 项目设计

本项目设计流程如图 9-55 所示。

制作背景和素材　　添加标题文字　　添加其他信息　　最终效果

图 9-55

## 9.3.4 项目要点

使用图层的混合模式和不透明度制作背景融合效果，使用"横排文字"工具、"变换"命令和图层样式制作宣传语，使用"字符"面板调整文字，使用绘图工具、"钢笔"工具和组合按钮添加装饰图形。

## 9.3.5 项目制作

**1. 制作宣传语**（见图 9-56 ~ 图 9-70）

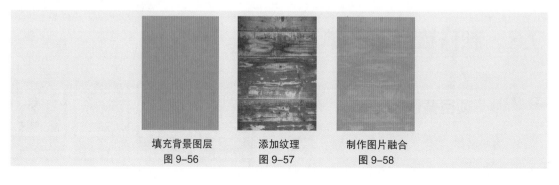

填充背景图层　　　添加纹理　　　制作图片融合
图 9-56　　　　　图 9-57　　　　　图 9-58

添加纹理和冰饮

图 9-59

输入文字

图 9-60

分别变换文字

图 9-61

添加样式制作立体字

图 9-62

拷贝图层样式

图 9-63

绘制形状

图 9-64

拷贝图层样式

图 9-65

添加柠檬

图 9-66

绘制圆形

图 9-67

复制圆形

图 9-68

再复制两个圆形

图 9-69

输入文字

图 9-70

**2. 添加其他信息**（见图 9-71 ~ 图 9-93）

绘制矩形

图 9-71

减去顶层形状

图 9-72

选取绘制的矩形
图 9-73

复制形状
图 9-74

复制多个形状
图 9-75

输入文字
图 9-76

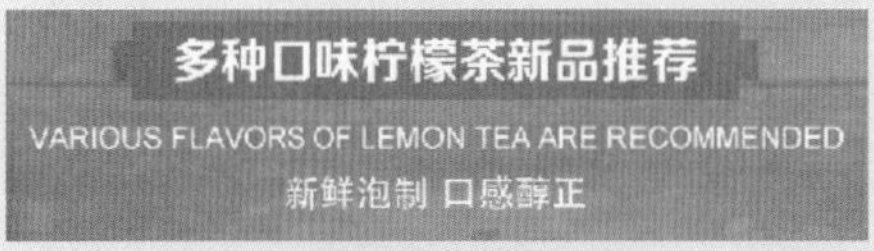

输入文字
图 9-77

调整不透明度
图 9-78

绘制直线
图 9-79

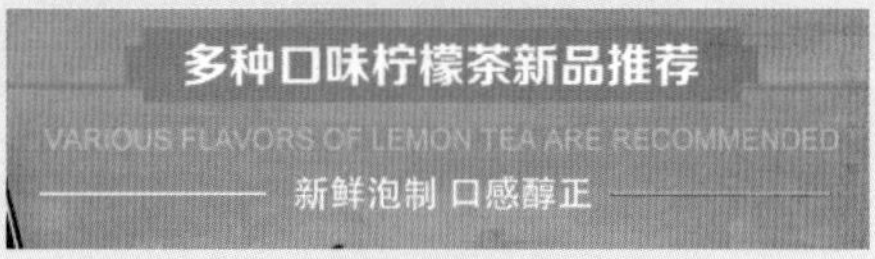

再次绘制直线
图 9-80

绘制圆形
图 9-81

输入文字
图 9-82

调整文字
图 9-83

输入文字
图 9-84

绘制圆形
图 9-85

输入文字
图 9-86

复制图形和文字
图 9-87

修改文字
图 9-88

复制图形和文字，并修改文字
图 9-89

输入文字
图 9-90

| 绘制形状 | 输入文字 | 完成制作 |
|---|---|---|
| 图 9-91 | 图 9-92 | 图 9-93 |

# 9.4 制作女鞋电商广告

## 9.4.1 项目背景

扫码观看 本案例视频　扫码观看 详细步骤　扫码观看 扩展案例

**1. 客户名称**

思源月商城。

**2. 客户需求**

思源月商城是一家平民化的网上综合性购物商城，致力于打造更贴合平民大众的线上购物平台。现阶段该商城需要设计一个关于女鞋新品的广告，要求能突出体现广告宣传的主题，同时符合简约、雅致的宣传特点。

## 9.4.2 项目要求

（1）设计要求以女鞋相关的图片为主要内容图片。

（2）运用丰富、简单的图形组合成背景，给人以简洁、大气的感受。

（3）设计要求体现简约的风格，色彩淡雅，给人以时尚、清雅的视觉信息。

（4）设计规格为 1 920 像素（宽）×640 像素（高），分辨率为 72 像素 / 英寸。

## 9.4.3 项目设计

本项目设计流程如图 9-94 所示。

置入背景图片　　　　　　　　　添加背景装饰

图 9-94

添加文字信息 　　　　　　　　　　　　　　　　　　 最终效果

图9-94（续）

### 9.4.4　项目要点

　　使用"横排文字"工具添加文字信息，使用"椭圆"工具和"矩形"工具添加装饰图形，使用"钢笔"工具和"变换"命令绘制折线，使用"移动"工具添加图像。

### 9.4.5　项目制作（见图9-95 ~ 图9-110）

打开并添加图片

图9-95

绘制矩形

图9-96

输入文字

图9-97

填充文字

图9-98

调整文字

图9-99

填充文字

图9-100

绘制矩形

图9-101

调整矩形顺序

图9-102

填充文字

图9-103

绘制圆形

图 9-104

输入文字

图 9-105

填充文字

图 9-106

绘制折线

图 9-107

复制折线

图 9-108

水平翻转折线

图 9-109

完成制作

图 9-110

# 9.5 制作时尚杂志封面

## 9.5.1 项目背景

扫码观看
本案例视频

扫码观看
详细步骤

扫码观看
扩展案例

### 1. 客户名称

时尚大咖杂志社。

### 2. 客户需求

《时尚大咖》杂志是一本为走在时尚前沿的人准备的时尚类杂志。杂志的主要内容是介绍完美彩妆、流行影视、时尚服饰等信息。要求进行杂志的封面设计，用于杂志的出版及发售，在设计上要营造出时尚感和现代感。

## 9.5.2 项目要求

（1）画面要求以极具现代气息的女性照片为内容。

（2）栏目标题的设计能诠释杂志内容，表现杂志特色。

（3）设计风格具有特色，版式布局相对集中紧凑、合理有序。

（4）设计规格均为 210 mm（宽）×285 mm（高），分辨率为 300 像素 / 英寸。

### 9.5.3 项目设计

本项目设计流程如图 9-111 所示。

编辑背景图片　　　制作杂志标题　　　添加文字信息　　　最终效果

图 9-111

### 9.5.4 项目要点

使用"创建新的填充或调整图层"按钮调整图像色调，使用"横排文字"工具添加文字信息，使用"椭圆"工具和"直线"工具添加装饰图形，使用"添加图层样式"按钮给文字添加特殊效果。

### 9.5.5 项目制作（见图 9-112~图 9-138）

打开图片　　　　　调整色相 / 饱和度　　　调整色阶

图 9-112　　　　　图 9-113　　　　　图 9-114

输入文字　　　　　　　　调整文字

图 9-115　　　　　　　　图 9-116

添加投影样式

图 9-117

添加蒙版并擦除不需要的图像

图 9-118

绘制圆形

图 9-119

拷贝图层样式

图 9-120

复制圆形

图 9-121

调整圆形大小

图 9-122

复制并调整圆形大小

图 9-123

调整填充选项

图 9-124

添加描边样式

图 9-125

添加文字

图 9-126

调整文字

图 9-127

调整文字

图 9-128

输入文字

图 9-129

调整文字

图 9-130

输入文字

图 9-131

输入其他文字
图 9-132

调整文字
图 9-133

调整其他文字
图 9-134

绘制虚线
图 9-135

复制并调整虚线
图 9-136

复制并调整其他虚线
图 9-137

添加条形码，完成制作
图 9-138

# 9.6 制作面包包装广告

## 9.6.1 项目背景

扫码观看
本案例视频

扫码观看
详细步骤

扫码观看
扩展案例

### 1. 客户名称

素素食品有限责任公司。

### 2. 客户需求

素素食品有限责任公司是一家生产、销售和营销各种面包的食品公司。本例是为新出品的牛角包设计产品包装，要求能体现出健康、美味的特点和舒适、美好的生活态度。

## 9.6.2 项目要求

（1）使用生活化的背景体现出休闲、舒适的氛围。

（2）包装的颜色搭配能给人以时尚、健康的印象。

（3）以实物产品图片的展示，向顾客传达真实的信息内容。

（4）设计规格均为 358 mm（宽）×219 mm（高），分辨率为 300 像素 / 英寸。

### 9.6.3  项目设计

本项目设计流程如图 9-139 所示。

制作背景图片 · 添加装饰图案

添加文字信息 · 最终效果

图 9-139

### 9.6.4  项目要点

使用"钢笔"工具绘制包装外形，使用"创建新的填充或调整图层"按钮调整图像色调，使用混合模式制作包装的暗影效果，使用"裁剪"工具裁剪图像，使用"画笔"工具和图层蒙版制作图片的融合效果，使用"横排文字"工具添加品牌信息。

### 9.6.5  项目制作（见图 9-140 ~图 9-161）

添加包装图片
图 9-140

绘制路径
图 9-141

将路径转化为选区

图 9-142

调整色相 / 饱和度

图 9-143

调整色阶

图 9-144

添加暗影图片

图 9-145

制作图片融合

图 9-146

添加高光图片

图 9-147

制作图片融合

图 9-148

打开图片

图 9-149

图片裁剪框

图 9-150

裁剪后图片

图 9-151

拖曳包装

图 9-152

添加图层蒙版，并擦除不需要的图片

图 9-153

复制并调整包装

图 9-154

复制并调整另一个包装

图 9-155

输入文字

图 9-156

调整上方的文字

图 9-157

调整下方的文字

图 9-158

绘制圆形

图 9-159

复制并移动圆形

图 9-160

完成制作

图 9-161

# 9.7 制作教育网页

## 9.7.1 项目背景

### 1. 客户名称

益智少儿网。

### 2. 客户需求

益智少儿网是一家专业的少儿教育培训平台，为孩子父母和教育培训机构之间建立沟通、了解的桥梁。本例要设计制作网站首页，要求网页风格充满童真与童趣，以儿童的视角去进行设计与创作。

## 9.7.2 项目要求

（1）网页风格要求可爱、童真，表现出儿童的奇思妙想。

（2）多应用活泼、清新的颜色，给人以积极、向上、有活力的印象。

（3）网页设计分类明确，注重细节的修饰。

（4）设计规格均为1 160像素（宽）×1 096像素（高），分辨率为72像素/英寸。

## 9.7.3 项目设计

本项目设计流程如图9-162所示。

添加背景图片

制作页眉

添加焦点广告

最终效果

图 9-162

### 9.7.4 项目要点

使用"直线"工具和"创建剪贴蒙版"命令制作铅笔导航条,使用"横排文字"工具添加文字,使用"图层样式"按钮添加图形效果,使用"移动"工具添加栏目内容。

### 9.7.5 项目制作(见图 9-163 ~图 9-194)

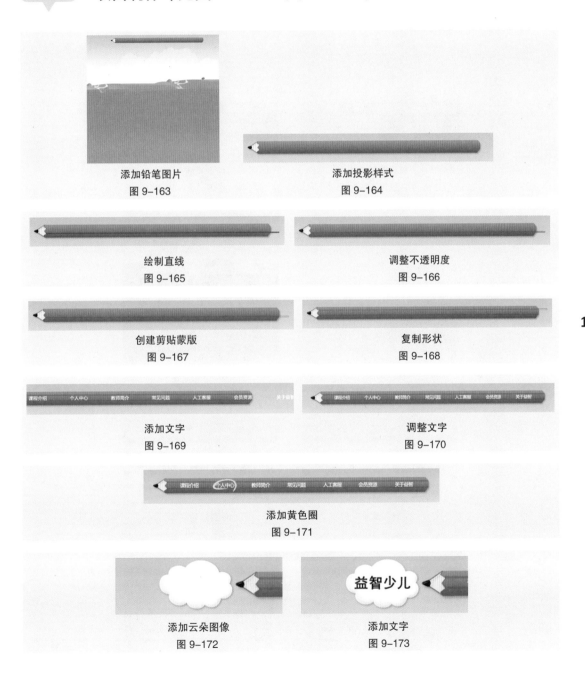

添加铅笔图片
图 9-163

添加投影样式
图 9-164

绘制直线
图 9-165

调整不透明度
图 9-166

创建剪贴蒙版
图 9-167

复制形状
图 9-168

添加文字
图 9-169

调整文字
图 9-170

添加黄色圈
图 9-171

添加云朵图像
图 9-172

添加文字
图 9-173

填充文字

图 9-174

添加样式制作立体效果

图 9-175

输入文字

图 9-176

添加投影样式

图 9-177

拷贝图层样式

图 9-178

绘制直线

图 9-179

拷贝图层样式

图 9-180

添加 banner

图 9-181

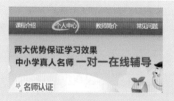

输入文字

图 9-182

分别设置字体

图 9-183

填充文字

图 9-184

设置投影样式

图 9-185

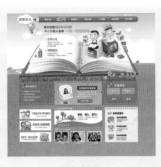

添加栏目

图 9-186

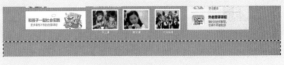

和孩子一起社会实践
外教授课课程

绘制矩形选区

图 9-187

和孩子一起社会实践
外教授课课程

填充渐变

图 9-188

和孩子一起社会实践
外教授课课程

添加围栏

图 9-189

和孩子一起社会实践
益智少儿

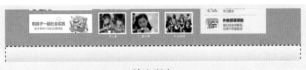

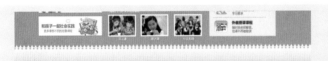

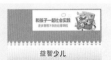

复制并拖曳文字

图 9-190

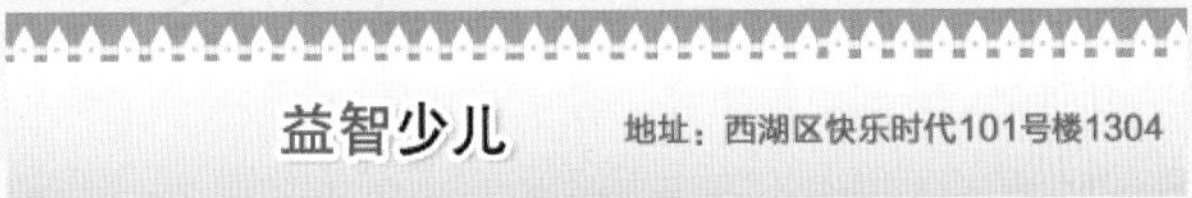
益智少儿
地址：西湖区快乐时代101号楼1304

输入文字

图 9-191

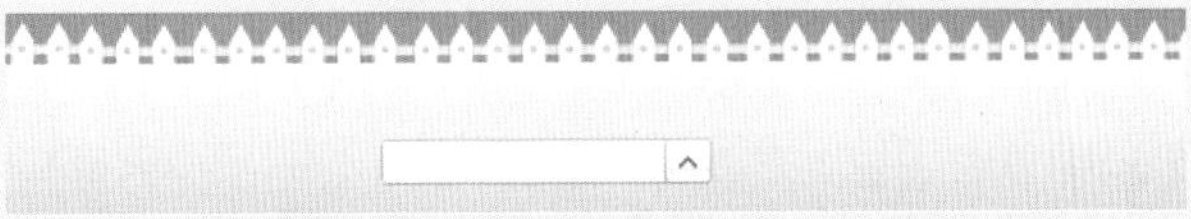

添加搜索框

图 9-192

免费客服热线：400-6*8-9*8
益智少儿

输入文字

图 9-193

益智少儿

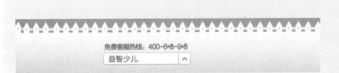

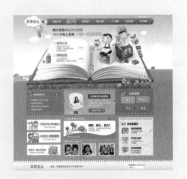

完成制作

图 9-194

## 9.8 课堂练习——制作电商广告

### 9.8.1 项目背景

**1. 客户名称**

ELEGANCE 服饰店。

**2. 客户需求**

ELEGANCE 服饰店是一家出售女士服饰的专卖店，一直深受崇尚时尚的女孩们的喜爱。服饰店要为 2019 年春季新款服饰制作网页焦点广告，要求该网页广告典雅、时尚，能体现店铺的特点。

### 9.8.2 项目要求

（1）设计要求以服饰相关的图片为主要内容图片。

（2）运用颜色鲜明、较为现代的图片，与文字一起构成丰富的画面。

（3）设计要求体现本店时尚、简约的风格，色彩淡雅，给人以活泼、清雅的视觉感受。

（4）设计规格为 1 920 像素（宽）×600 像素（高），分辨率为 72 像素 / 英寸。

### 9.8.3 项目设计

本项目设计流程如图 9-195 所示。

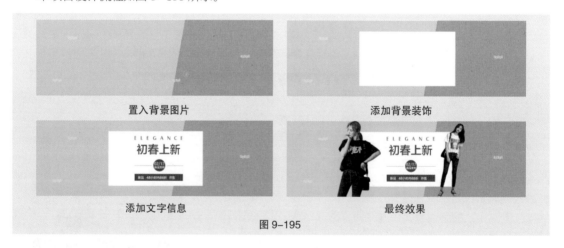

置入背景图片　　　　　　　　　　　添加背景装饰

添加文字信息　　　　　　　　　　　最终效果

图 9-195

### 9.8.4 项目要点

使用"横排文字"工具添加文字信息，使用"椭圆"工具、"矩形"工具和"直线"工具添加装饰图形，使用"置入"命令置入图像。

## 9.8.5 项目制作（见图 9-196 ~ 图 9-205）

打开背景图
图 9-196

绘制底图
图 9-197

输入文字
图 9-198

调整文字
图 9-199

绘制圆形
图 9-200

输入文字
图 9-201

绘制并复制直线
图 9-202

绘制矩形
图 9-203

输入并调整文字
图 9-204

添加人物图片，完成制作
图 9-205

# 9.9 课后习题——制作花卉书籍封面

## 9.9.1 项目背景

扫码观看
本案例视频 1

扫码观看
本案例视频 2

扫码观看
本案例视频 3

**1. 客户名称**

花艺工坊。

**2. 客户需求**

花艺工坊是一家致力于将花艺爱好者培养成花艺设计师的花艺坊。随着潮流的不断变化，花艺设计逐渐普及，与人们的生活息息相关，其宗旨是让花艺爱好者时刻体验花艺的美感，让生活时有惊喜。本案例是为花艺工坊制作书籍封面，要求该封面新颖别致，能体现出花艺艺术的特点。

## 9.9.2 项目要求

（1）设计要求体现出花艺艺术的特点。

（2）以实景照片作为封面的背景底图，文字与图片搭配合理，具有美感。

（3）色彩要求围绕照片进行设计搭配，达到舒适、自然的效果。

（4）设计规格均为 391 mm（宽）×266 mm（高），分辨率为 150 像素 / 英寸。

## 9.9.3 项目设计

本项目设计流程如图 9-206 所示。

制作书籍封面

添加封面信息

添加书脊信息

制作书籍封底

图 9-206

## 9.9.4 项目要点

使用"新建参考线"命令添加参考线,使用"置入"命令置入图片,使用"剪切蒙版"命令和"矩形"工具制作图像显示效果,使用"文字"工具添加文字信息,使用"钢笔"工具和"直线"工具添加装饰图案,使用"图层混合模式"选项更改图像的显示效果。

## 9.9.5 项目制作

### 1. 制作封面(见图 9-207~图 9-225)

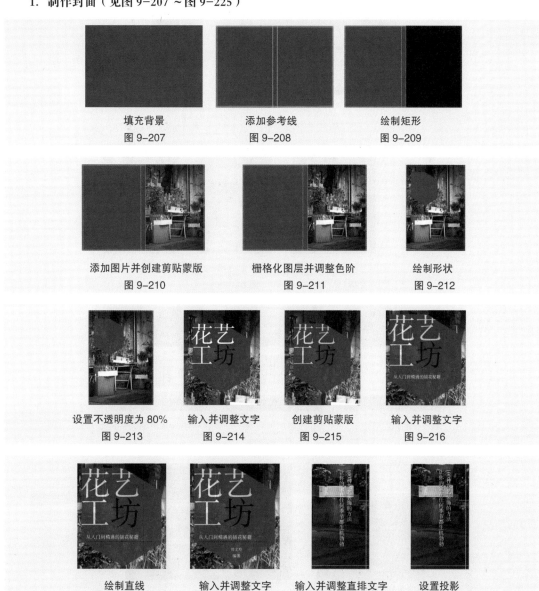

填充背景
图 9-207

添加参考线
图 9-208

绘制矩形
图 9-209

添加图片并创建剪贴蒙版
图 9-210

栅格化图层并调整色阶
图 9-211

绘制形状
图 9-212

设置不透明度为 80%
图 9-213

输入并调整文字
图 9-214

创建剪贴蒙版
图 9-215

输入并调整文字
图 9-216

绘制直线
图 9-217

输入并调整文字
图 9-218

输入并调整直排文字
图 9-219

设置投影
图 9-220

绘制圆角矩形
图 9-221

输入并调整文字
图 9-222

载入文字选区
图 9-223

删除选区中的图像
图 9-224

输入并调整文字
图 9-225

## 2. 制作书脊和封底（见图 9-226 ~ 图 9-235）

输入并调整文字
图 9-226

复制并拖曳标志图形
图 9-227

添加图片
图 9-228

设置混合模式
图 9-229

添加图层蒙版
图 9-230

绘制矩形
图 9-231

添加条形码
图 9-232

输入并调整文字
图 9-233

输入并调整文字
图 9-234

完成制作
图 9-235